学校でも、家庭でも
応用力を伸ばす！

上級 算数 小学3年生

習熟プリント

学力の基礎をきたえ
どの子も伸ばす研究会
岸本 ひとみ 著

自信がついた！

清風堂書店

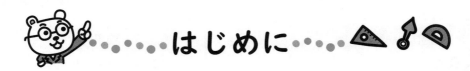

はじめに

「算数習熟プリント」は発売以来長きにわたり、学校現場や家庭で支持されてまいりました。その中で、変わらず貫き通してきた特長は

○ 通常のステップよりも、さらに細かくスモールステップにする
○ 大事なところは、くり返し練習して習熟できるようにする
○ 教科書のレベルがどの子にも身につくようにする

でした。この内容を堅持し、新たなくふうを加え、2020年4月に「算数習熟プリント」を出版しました。学校現場やご家庭で活用され、好評を博しております。

さらに、子どもたちの習熟度を高め、応用力を伸ばすため、「上級算数習熟プリント」を発刊することとなりました。基礎から応用まで豊富な問題量で編集してあります。

今回の改訂から、前著「算数習熟プリント」もそうですが、次のような特長が追加されました。

○ 観点別に到達度や理解度がわかるようにした「まとめテスト」
○ 算数の理解が進み、応用力を伸ばす「考える力をつける問題」
○ 親しみやすさ、わかりやすさを考えた「太字の手書き風文字」、「図解」
○ 解答のページは、本文を縮めたものに「赤で答えを記入」
○ 使いやすさを考えた「消えるページ番号」

「まとめテスト」は、新学習指導要領の観点とは少し違い、算数の主要な観点「知識（理解）」（わかる）、「技能」（できる）、「数学的な考え方」（考えられる）問題にそれぞれ分類しています。

これは、「計算はまちがえたが、計算のしくみや意味は理解している」「計算はできているが、文章題ができない」など、どこでつまずいているのかをつかみ、くり返し練習して学力の向上へと導くものです。十分にご活用ください。

「考える力をつける問題」は、他の分野との融合、発想の転換を必要とする問題などで、多くの子どもたちが不得意としている活用問題にも対応しています。また、算数のおもしろさや、子どもたちがやってみようと思うような問題も入れました。

本文には、小社独自の手書き風のやさしい文字を使っています。子どもたちに見やすく、きれいな字のお手本にもなるようにしました。

また、学校で「コピーして配れる」プリントです。コピーすると、プリント下部の「ページ番号が消える」ようにしました。余計な時間を省き、忙しい中でも「そのまま使える」ようにしました。

本書「上級算数習熟プリント」を活用いただき、応用力をしっかり伸ばしていただければ幸いです。

　　　　　　　　　　　　　　　　　　　　　学力の基礎をきたえどの子も伸ばす研究会

使い方

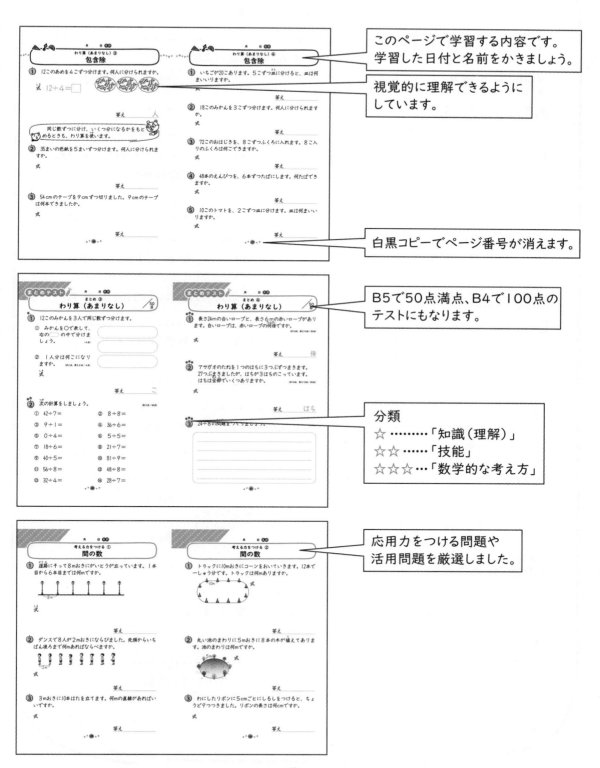

このページで学習する内容です。
学習した日付と名前をかきましょう。

視覚的に理解できるように
しています。

白黒コピーでページ番号が消えます。

B5で50点満点、B4で100点の
テストにもなります。

分類
☆ ………「知識（理解）」
☆☆ ……「技能」
☆☆☆ …「数学的な考え方」

応用力をつける問題や
活用問題を厳選しました。

上級算数習熟プリント3年生　もくじ

時こくと時間 ①
短い時間

① ストップウォッチで、時間をはかりました。
何秒、または何分何秒ですか。

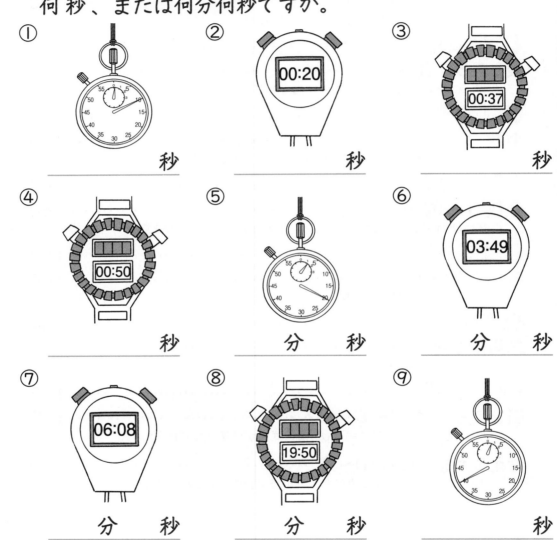

① _____ 秒

② _____ 秒

③ _____ 秒

④ _____ 秒

⑤ _____ 分 _____ 秒

⑥ _____ 分 _____ 秒

⑦ _____ 分 _____ 秒

⑧ _____ 分 _____ 秒

⑨ _____ 秒

② なわとびを１分間とびつづけようとしましたが、のこり５秒でひっかかってしまいました。何秒間とびつづけられましたか。

式

答え _____

時こくと時間 ②
時間の計算

① □にあてはまる数をかきましょう。

① 1日＝ □ 時間　　② 24時間＝ □ 日

③ 1時間＝ □ 分　　④ 60分＝ □ 時間

⑤ 1分＝ □ 秒　　⑥ 60秒＝ □ 分

② 次の計算をしましょう。

① 3秒＋7秒＝　　② 12秒＋29秒＝

③ 15分＋8分＝　　④ 23分＋16分＝

⑤ 2時間＋3時間＝　　⑥ 4時間＋8時間＝

⑦ 2日＋1日＝　　⑧ 4日＋3日＝

⑨ 16秒－7秒＝　　⑩ 25秒－11秒＝

⑪ 13分－7分＝　　⑫ 26分－12分＝

⑬ 3時間－1時間＝　　⑭ 10時間－4時間＝

⑮ 5日－1日＝　　⑯ 10日－7日＝

時こくと時間 ③
24時せい

１日を０時から24時で表すことができます。

```
  0 1 2 3 4 5 6 7 8 9 10 11 12時
き                                         あ
の         午  前            午  後      し
う                                         た
                     0 1 2 3 4 5 6 7 8 9 10 11 12時
                     (正午)
  0 1 2 3 4 5 6 7 8 9 10 11 12 13 14 15 16 17 18 19 20 21 22 23 24
```

これを、24時せい といいます。

24時せいでは、午後３時は15時となります。

🍎　次の時こくを、24時せいでかきましょう。

①　午後５時　　──→（　　　　　　　　　）

②　午後８時　　──→（　　　　　　　　　）

③　午後11時　　──→（　　　　　　　　　）

④　正午　　　　──→（　　　　　　　　　）

⑤　午前７時　　──→（　　　　　　　　　）

⑥　午後１時　　──→（　　　　　　　　　）

⑦　午後10時　　──→（　　　　　　　　　）

⑧　午後４時　　──→（　　　　　　　　　）

時こくと時間 ④
時間の計算

① 次の計算をしましょう。

① 12時間＋12時間＝　　　時間＝　　　日

② 15時間＋13時間＝　　　時間＝　　　日と　　　時間

③ 50分＋10分＝　　　分＝　　　時間

④ 30分＋40分＝　　　分＝　　　時間　　　分

⑤ 20秒＋40秒＝　　　秒＝　　　分

⑥ 50秒＋30秒＝　　　秒＝　　　分　　　秒

⑦ 3日＋4日＝　　　日＝　　　週間

⑧ 6日＋5日＝　　　日＝　　　週間と　　　日

② 次の計算をしましょう。

① 5時間12分
　＋3時間35分

② 7時間24分
　＋2時間36分

　　　　　　＝　　　時間

③ 10時間50分
　－3時間21分

④ 7時間45分
　－1時間13分

九九の表とかけ算 ①
九九の表を使って

🍎 九九の表を使って、問題に答えましょう。

① 九九の表をかんせいさせましょう。

かける数

×	1	2	3	4	5	6	7	8	9
1									
2		4							
3						18			
4									
5									
6		12							
7								56	
8				32					
9									

（かけられる数）

② 答えが4×5と同じになる式を見つけましょう。

4×5＝ ☐

③ 答えが6×7と同じになる式を見つけましょう。

6×7＝ ☐

かけ算では、かけられる数とかける数を入れかえても、答えは同じです。

九九の表とかけ算 ②
九九の表を使って

① 6×7の、かけられる数やかける数を分けて計算してみましょう。

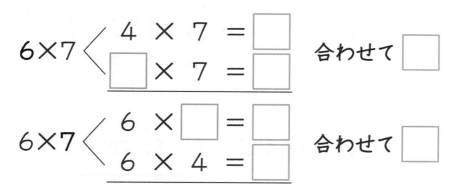

$$6×7 \begin{cases} 4 × 7 = \boxed{} \\ \boxed{} × 7 = \boxed{} \end{cases}$$ 合わせて $\boxed{}$

$$6×7 \begin{cases} 6 × \boxed{} = \boxed{} \\ 6 × 4 = \boxed{} \end{cases}$$ 合わせて $\boxed{}$

かけ算では、かけられる数やかける数を
分けて計算しても、答えは同じになります。

② 9×7の答えを、いろいろな考え方でもとめましょう。

$$9×7=7×\boxed{}$$

$$9×7 \begin{cases} 9 × \boxed{} = \boxed{} \\ 9 × 5 = \boxed{} \end{cases}$$ 合わせて $\boxed{}$

$$9×7 \begin{cases} 2 × 7 = \boxed{} \\ 3 × 7 = \boxed{} \\ \boxed{} × 7 = \boxed{} \end{cases}$$ 合わせて $\boxed{}$

月　　日　名前

九九の表とかけ算 ③
0・10のかけ算

　おはじき入れをしました。

しゅうたさん

入ったところ（点）	10	8	6	4	2	0	合計
入った数（こ）	2	0	2	6	3	3	16
と　く　点（点）							

しゅうたさんのとく点を計算して、表にかきましょう。

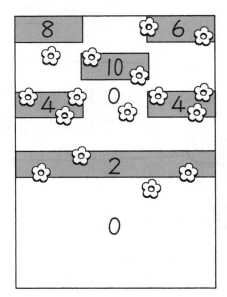

10点　10×2＝ ☐

8点　8×0＝ ☐

6点　6×☐＝☐

4点　4×☐＝☐

2点　2×☐＝☐

0点　0×3＝ ☐

合計　☐＋☐＋☐＋☐＋☐＋☐＝☐

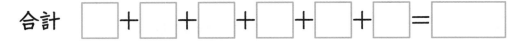

0のかけ算

どんな数に0をかけても、答えは0になります。また、0にどんな数をかけても、答えは0になります。

月　　日　名前

九九の表とかけ算 ④
0・10のかけ算

① 次の計算をしましょう。

① 3×0＝　　　　② 7×0＝

③ 1×0＝　　　　④ 9×0＝

⑤ 5×0＝　　　　⑥ 0×4＝

⑦ 0×8＝　　　　⑧ 0×2＝

⑨ 0×6＝　　　　⑩ 0×0＝

② 次の計算をしましょう。

① 10×3＝　　　② 10×8＝

③ 10×1＝　　　④ 10×7＝

⑤ 10×4＝　　　⑥ 6×10＝

⑦ 2×10＝　　　⑧ 9×10＝

⑨ 5×10＝　　　⑩ 0×10＝

③ 次の計算をしましょう。

① 2×0＝　　　　② 10×5＝

③ 0×7＝　　　　④ 1×10＝

⑤ 8×0＝　　　　⑥ 8×10＝

⑦ 0×3＝　　　　⑧ 10×2＝

⑨ 4×0＝　　　　⑩ 3×10＝

九九の表とかけ算 ⑤
九九の表を広げよう

 九九の表の □ をかんせいさせましょう。

かける数

×	1	2	3	4	5	6	7	8	9	10	11	12
1	1	2	3	4	5	6	7	8	9			
2		4	6	8	10	12	14	16	18			
3			9	12	15	18	21	24	27			
4				16	20	24	28	32	36			
5					25	30	35	40	45			
6						36	42	48	54			
7							49	56	63			
8								64	72			
9									81			
10												
11												
12												

かけられる数

かける数と、かけられる数を入れかえても、答えは同じです。

九九の表とかけ算 ⑥
九九の表を広げよう

① 10のだんの答えも、左の表にかいてみましょう。

$10 \times 1 = 10$

$10 \times 2 =$ ☐

…

$10 \times 9 =$ ☐

$10 \times 10 = 100$

② 11のだんや、12のだんはどうしたらもとめられますか。

①

×	1	2	3	4	5	6	7	8	9	10	11	12
11	11	22								110	121	132

11 ずつふえるから

×	1	2	3	4	5	6	7	8	9	10	11	12
12	12	24								120	132	144

12 ずつふえるから

②

×	1	2	3	4	5	6	7	8	9	10	11	12
4	4	8				24						48
8	8	16				48						96
12	12	24				72						144

4のだんと8のだんを合わせると…

まとめ ①
時こくと時間

/50点

① 次の時間をかきましょう。　　　　　　　　　　　　　　（各5点／10点）

① 午前9時20分から午前10時30分まで

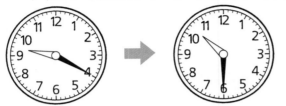

（　　　　　　　　　）

② 8時30分から15時まで

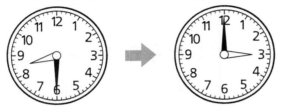

（　　　　　　　　　）

② 次の時こくをかきましょう。　　　　　　　　　　　　　（各10点／20点）

① 2時45分の35分後　　　　　　　　（　　　　　　　　　）

② 18時10分の40分前　　　　　　　　（　　　　　　　　　）

③ □にあてはまる数をかきましょう。　　　　　　　　　（各5点／20点）

① 1分40秒 = ☐ 秒

② 75秒 = ☐ 分 ☐ 秒

③ 50分＋10分 = ☐ 分 = ☐ 時間

④ 13時間＋11時間 = ☐ 時間 = ☐ 日

月　日　名前

まとめ ②
九九の表とかけ算

/50点

① ㋐～㋔の数をかきましょう。

(各4点／20点)

×	1	2	3			6	7	8	9
1	1	2	3			6	7	8	9
2	2	4	6			12	14	16	18
3	3	6	9						
						㋐			
5	5	10	15						
6			㋑						㋒
7									
8	㋓								
9					㋔				

㋐ (　　　)

㋑ (　　　)

㋒ (　　　)

㋓ (　　　)

㋔ (　　　)

② 次の計算をしましょう。

(各4点／20点)

①　3×10＝　　　　　　　②　10×7＝

③　0×5＝　　　　　　　④　10×0＝

⑤　0×0＝

③ □にあてはまる数をかきましょう。

(各5点／10点)

①　7×□＝56

②　3×6＝3×7－□

あなあき九九 ①
30問練習

 □ にあてはまる数をかきましょう。

① 4× □ =32　　② 6× □ =54

③ 8× □ =40　　④ 2× □ =4

⑤ 9× □ =54　　⑥ 5× □ =20

⑦ 7× □ =14　　⑧ 3× □ =18

⑨ 9× □ =81　　⑩ 3× □ =3

⑪ 4× □ =12　　⑫ 5× □ =45

⑬ 2× □ =12　　⑭ 6× □ =24

⑮ 7× □ =49　　⑯ 3× □ =12

⑰ 9× □ =18　　⑱ 7× □ =63

⑲ 5× □ =35　　⑳ 3× □ =27

㉑ 6× □ =18　　㉒ 7× □ =28

㉓ 8× □ =64　　㉔ 2× □ =14

㉕ 6× □ =36　　㉖ 3× □ =24

㉗ 4× □ =20　　㉘ 8× □ =24

㉙ 2× □ =18　　㉚ 9× □ =36

あなあき九九 ②
30問練習

🍎 　□にあてはまる数をかきましょう。

① 3×□=24　② 9×□=81

③ 6×□=12　④ 7×□=56

⑤ 3×□=6　⑥ 8×□=32

⑦ 9×□=27　⑧ 5×□=40

⑨ 7×□=21　⑩ 4×□=28

⑪ 2×□=16　⑫ 6×□=18

⑬ 5×□=25　⑭ 4×□=16

⑮ 6×□=30　⑯ 5×□=10

⑰ 2×□=6　⑱ 6×□=48

⑲ 8×□=72　⑳ 4×□=8

㉑ 7×□=42　㉒ 2×□=10

㉓ 8×□=16　㉔ 6×□=42

㉕ 9×□=72　㉖ 3×□=15

㉗ 8×□=48　㉘ 7×□=35

㉙ 5×□=15　㉚ 9×□=45

あなあき九九 ③
30問練習

 ☐ にあてはまる数をかきましょう。

① 8×☐=56　　② 2×☐=8

③ 6×☐=36　　④ 3×☐=21

⑤ 7×☐=28　　⑥ 9×☐=54

⑦ 7×☐=63　　⑧ 2×☐=4

⑨ 5×☐=30　　⑩ 4×☐=32

⑪ 6×☐=12　　⑫ 4×☐=20

⑬ 9×☐=27　　⑭ 6×☐=54

⑮ 8×☐=16　　⑯ 4×☐=24

⑰ 5×☐=45　　⑱ 4×☐=4

⑲ 2×☐=18　　⑳ 7×☐=42

㉑ 8×☐=32　　㉒ 9×☐=81

㉓ 3×☐=9　　㉔ 5×☐=20

㉕ 8×☐=40　　㉖ 6×☐=24

㉗ 9×☐=63　　㉘ 2×☐=12

㉙ 4×☐=12　　㉚ 3×☐=27

あなあき九九 ④
30問練習

 □にあてはまる数をかきましょう。

① 6× □ =18　　② 5× □ =35

③ 9× □ =72　　④ 4× □ = 8

⑤ 2× □ =18　　⑥ 8× □ =32

⑦ 2× □ =10　　⑧ 7× □ =14

⑨ 3× □ =18　　⑩ 7× □ =35

⑪ 9× □ =18　　⑫ 7× □ =63

⑬ 4× □ =16　　⑭ 6× □ =30

⑮ 8× □ =48　　⑯ 9× □ =36

⑰ 8× □ =16　　⑱ 2× □ = 6

⑲ 4× □ =28　　⑳ 9× □ =54

㉑ 3× □ =12　　㉒ 6× □ =48

㉓ 5× □ =15　　㉔ 4× □ =36

㉕ 8× □ =64　　㉖ 5× □ = 5

㉗ 2× □ =16　　㉘ 7× □ =49

㉙ 3× □ =24　　㉚ 5× □ =25

月　　日　名前

あなあき九九 ⑤
45問練習

🍎　☐にあてはまる数をかきましょう。

① 7×☐＝56　② 2×☐＝4　③ 5×☐＝30

④ 9×☐＝81　⑤ 5×☐＝20　⑥ 3×☐＝18

⑦ 6×☐＝54　⑧ 4×☐＝12　⑨ 3×☐＝27

⑩ 8×☐＝72　⑪ 2×☐＝12　⑫ 4×☐＝16

⑬ 4×☐＝24　⑭ 7×☐＝49　⑮ 4×☐＝20

⑯ 2×☐＝6　⑰ 4×☐＝28　⑱ 3×☐＝15

⑲ 6×☐＝48　⑳ 2×☐＝14　㉑ 7×☐＝28

㉒ 5×☐＝45　㉓ 3×☐＝24　㉔ 6×☐＝30

㉕ 2×☐＝18　㉖ 6×☐＝36　㉗ 5×☐＝35

㉘ 7×☐＝63　㉙ 3×☐＝9　㉚ 9×☐＝63

㉛ 2×☐＝10　㉜ 4×☐＝36　㉝ 8×☐＝64

㉞ 9×☐＝54　㉟ 3×☐＝21　㊱ 5×☐＝25

㊲ 2×☐＝8　㊳ 5×☐＝40　㊴ 7×☐＝35

㊵ 4×☐＝32　㊶ 3×☐＝6　㊷ 6×☐＝42

㊸ 2×☐＝16　㊹ 7×☐＝42　㊺ 3×☐＝12

あなあき九九 ⑥
45問練習

🍎 　□にあてはまる数をかきましょう。

① 2×□=6　② 9×□=18　③ 3×□=6

④ 8×□=56　⑤ 6×□=36　⑥ 5×□=35

⑦ 9×□=45　⑧ 8×□=72　⑨ 4×□=16

⑩ 8×□=24　⑪ 5×□=10　⑫ 9×□=9

⑬ 7×□=28　⑭ 6×□=12　⑮ 7×□=49

⑯ 4×□=8　⑰ 8×□=48　⑱ 7×□=21

⑲ 5×□=20　⑳ 3×□=9　㉑ 9×□=63

㉒ 8×□=16　㉓ 6×□=30　㉔ 5×□=25

㉕ 3×□=12　㉖ 7×□=56　㉗ 9×□=27

㉘ 7×□=35　㉙ 2×□=4　㉚ 8×□=40

㉛ 6×□=18　㉜ 5×□=15　㉝ 8×□=64

㉞ 6×□=48　㉟ 4×□=12　㊱ 9×□=36

㊲ 7×□=42　㊳ 4×□=36　㊴ 9×□=81

㊵ 8×□=32　㊶ 9×□=72　㊷ 2×□=10

㊸ 6×□=24　㊹ 9×□=54　㊺ 7×□=14

わり算（あまりなし）①
等分除

① 12このあめを4人で同じ数ずつ分けます。1人分は何こになりますか。

しき
式　12÷4＝□

答え　　　　　　　　　　こ

12÷4　の答えは、4のだんの九九で見つけられます。
4×1＝4、4×2＝8、4×3＝12

② 35まいの色紙を、5人に同じ数ずつ分けます。1人分は何まいになりますか。

式

答え

③ 48本のえんぴつを、6人で同じ数ずつ分けると、1人分は何本になりますか。

式

答え

わり算（あまりなし）②
等分除

① いちごが20こあります。5人で同じ数ずつ分けると、1人分は何こになりますか。

式

答え _____

② 18このみかんを、6人で同じ数ずつ分けると、1人分は何こになりますか。

式

答え _____

③ 72このおはじきを、8人で同じ数ずつ分けると、1人分は何こになりますか。

式

答え _____

④ 10このトマトを、同じ数ずつ5皿（さら）に分けます。1皿分は何こになりますか。

式

答え _____

⑤ 54cmのテープを、同じ長さになるように9本に切り分けます。切った1本のテープの長さは何cmになりますか。

式

答え _____

わり算（あまりなし）③
包含除

① 12このあめを4こずつ分けます。何人に分けられますか。

式 12÷4＝□

答え　　　　　　　人

同じ数ずつに分け、いくつ分になるかをもとめるときも、わり算を使います。

② 35まいの色紙を5まいずつ分けます。何人に分けられますか。

式

答え

③ 54cmのテープを9cmずつ切りました。9cmのテープは何本できましたか。

式

答え

わり算（あまりなし）④
包含除

① いちごが20こあります。5こずつ皿に分けると、皿は何まいいりますか。

式

答え _____

② 18このみかんを3こずつ分けます。何人に分けられますか。

式

答え _____

③ 72このおはじきを、8こずつふくろに入れます。8こ入りのふくろは何こできますか。

式

答え _____

④ 48本のえんぴつを、6本ずつたばにします。何たばできますか。

式

答え _____

⑤ 10このトマトを、2こずつ皿に分けます。皿は何まいいりますか。

式

答え _____

わり算（あまりなし）⑤
$0 \div \square$、$\triangle \div 1$

① あめを4人で同じ数ずつ分けます。

①
12こ

$\boxed{} \div 4 = \boxed{}$

1人分の数は

_____ こ

②
8こ

$\boxed{} \div 4 = \boxed{}$

_____ こ

③
0こ

$\boxed{} \div 4 = \boxed{}$

_____ こ

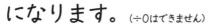

0を0でないどんな数でわっても答えは0になります。（÷0はできません）

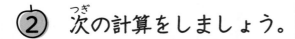

② 次（つぎ）の計算をしましょう。

① $0 \div 9 =$ 　　　　② $0 \div 6 =$

③ $0 \div 1 =$ 　　　　④ $0 \div 7 =$

⑤ $0 \div 8 =$ 　　　　⑥ $0 \div 2 =$

わり算（あまりなし）⑥
0 ÷ □、△ ÷ 1

① ジュースを 1 dL ずつコップに入れます。

①　5dL のジュースだと

$$\boxed{} \div 1 = \boxed{}$$

コップの数は

_____ こ

②　1 dL のジュースだと

$$\boxed{} \div 1 = \boxed{}$$

_____ こ

② 次の計算をしましょう。

①　$6 \div 1 =$ 　　　②　$9 \div 1 =$

③　$4 \div 1 =$ 　　　④　$5 \div 1 =$

⑤　$3 \div 1 =$ 　　　⑥　$8 \div 1 =$

③ 次の計算をしましょう。

①　$0 \div 1 =$ 　　　②　$8 \div 4 =$

③　$3 \div 3 =$ 　　　④　$3 \div 1 =$

⑤　$6 \div 2 =$ 　　　⑥　$4 \div 2 =$

⑦　$2 \div 2 =$ 　　　⑧　$7 \div 1 =$

⑨　$0 \div 3 =$ 　　　⑩　$9 \div 9 =$

 次の計算をしましょう。

① 14 ÷ 2 ＝ 　　　　② 24 ÷ 8 ＝

③ 15 ÷ 5 ＝ 　　　　④ 64 ÷ 8 ＝

⑤ 14 ÷ 7 ＝ 　　　　⑥ 0 ÷ 5 ＝ 0

⑦ 21 ÷ 7 ＝ 　　　　⑧ 12 ÷ 2 ＝

⑨ 27 ÷ 3 ＝ 　　　　⑩ 6 ÷ 6 ＝

⑪ 0 ÷ 4 ＝ 　　　　⑫ 72 ÷ 9 ＝

⑬ 21 ÷ 3 ＝ 　　　　⑭ 0 ÷ 6 ＝

⑮ 32 ÷ 8 ＝ 　　　　⑯ 49 ÷ 7 ＝

⑰ 6 ÷ 2 ＝ 　　　　⑱ 42 ÷ 6 ＝

⑲ 24 ÷ 3 ＝ 　　　　⑳ 2 ÷ 1 ＝

㉑ 56 ÷ 7 ＝ 　　　　㉒ 12 ÷ 4 ＝

㉓ 30 ÷ 5 ＝ 　　　　㉔ 9 ÷ 9 ＝

㉕ 48 ÷ 6 ＝ 　　　　㉖ 36 ÷ 4 ＝

㉗ 30 ÷ 6 ＝ 　　　　㉘ 4 ÷ 1 ＝

㉙ 48 ÷ 8 ＝ 　　　　㉚ 28 ÷ 7 ＝

わり算（あまりなし）⑧
30問練習

　次の計算をしましょう。

① $40 \div 5 =$　　　　② $0 \div 3 =$

③ $20 \div 4 =$　　　　④ $54 \div 9 =$

⑤ $2 \div 2 =$　　　　⑥ $0 \div 7 =$

⑦ $4 \div 4 =$　　　　⑧ $9 \div 1 =$

⑨ $16 \div 8 =$　　　　⑩ $35 \div 5 =$

⑪ $42 \div 7 =$　　　　⑫ $24 \div 6 =$

⑬ $8 \div 2 =$　　　　⑭ $15 \div 3 =$

⑮ $20 \div 5 =$　　　　⑯ $81 \div 9 =$

⑰ $32 \div 4 =$　　　　⑱ $63 \div 7 =$

⑲ $36 \div 9 =$　　　　⑳ $3 \div 3 =$

㉑ $45 \div 9 =$　　　　㉒ $28 \div 4 =$

㉓ $16 \div 2 =$　　　　㉔ $36 \div 6 =$

㉕ $6 \div 3 =$　　　　㉖ $54 \div 6 =$

㉗ $3 \div 1 =$　　　　㉘ $45 \div 5 =$

㉙ $10 \div 2 =$　　　　㉚ $0 \div 9 =$

わり算（あまりなし）⑨
30問練習

🍎 次の計算をしましょう。

① $15 \div 5 =$　　　② $64 \div 8 =$

③ $14 \div 7 =$　　　④ $27 \div 3 =$

⑤ $0 \div 5 =$　　　⑥ $21 \div 7 =$

⑦ $28 \div 4 =$　　　⑧ $18 \div 9 =$

⑨ $45 \div 5 =$　　　⑩ $8 \div 8 =$

⑪ $36 \div 6 =$　　　⑫ $0 \div 8 =$

⑬ $2 \div 1 =$　　　⑭ $24 \div 6 =$

⑮ $15 \div 3 =$　　　⑯ $42 \div 7 =$

⑰ $12 \div 4 =$　　　⑱ $56 \div 7 =$

⑲ $40 \div 8 =$　　　⑳ $24 \div 4 =$

㉑ $40 \div 5 =$　　　㉒ $9 \div 1 =$

㉓ $36 \div 9 =$　　　㉔ $0 \div 3 =$

㉕ $14 \div 7 =$　　　㉖ $24 \div 3 =$

㉗ $16 \div 4 =$　　　㉘ $48 \div 8 =$

㉙ $30 \div 5 =$　　　㉚ $36 \div 4 =$

わり算（あまりなし）⑩
30問練習

 次の計算をしましょう。

① 　0÷2＝　　　　　　② 　10÷5＝

③ 　2÷2＝　　　　　　④ 　0÷7＝

⑤ 　1÷1＝　　　　　　⑥ 　72÷8＝

⑦ 　49÷7＝　　　　　⑧ 　72÷9＝

⑨ 　32÷8＝　　　　　⑩ 　21÷3＝

⑪ 　42÷6＝　　　　　⑫ 　28÷7＝

⑬ 　30÷6＝　　　　　⑭ 　4÷1＝

⑮ 　32÷4＝　　　　　⑯ 　6÷3＝

⑰ 　7÷7＝　　　　　　⑱ 　4÷2＝

⑲ 　18÷6＝　　　　　⑳ 　12÷3＝

㉑ 　9÷1＝　　　　　　㉒ 　16÷8＝

㉓ 　35÷7＝　　　　　㉔ 　54÷9＝

㉕ 　20÷4＝　　　　　㉖ 　18÷3＝

㉗ 　0÷3＝　　　　　　㉘ 　40÷5＝

㉙ 　4÷4＝　　　　　　㉚ 　20÷5＝

わり算（あまりなし）⑪
40問練習

🍎 次の計算をしましょう。

① $64 \div 8 =$　　② $12 \div 2 =$　　③ $48 \div 6 =$

④ $27 \div 3 =$　　⑤ $48 \div 8 =$　　⑥ $30 \div 5 =$

⑦ $4 \div 2 =$　　⑧ $30 \div 6 =$　　⑨ $21 \div 3 =$

⑩ $12 \div 3 =$　　⑪ $6 \div 1 =$　　⑫ $15 \div 5 =$

⑬ $36 \div 9 =$　　⑭ $63 \div 7 =$　　⑮ $20 \div 5 =$

⑯ $14 \div 7 =$　　⑰ $24 \div 8 =$　　⑱ $25 \div 5 =$

⑲ $72 \div 9 =$　　⑳ $6 \div 6 =$　　㉑ $9 \div 3 =$

㉒ $12 \div 4 =$　　㉓ $56 \div 7 =$　　㉔ $8 \div 2 =$

㉕ $2 \div 1 =$　　㉖ $24 \div 6 =$　　㉗ $0 \div 9 =$

㉘ $1 \div 1 =$　　㉙ $8 \div 4 =$　　㉚ $0 \div 6 =$

㉛ $27 \div 9 =$　　㉜ $8 \div 1 =$　　㉝ $18 \div 2 =$

㉞ $35 \div 5 =$　　㉟ $0 \div 8 =$　　㊱ $36 \div 6 =$

㊲ $45 \div 9 =$　　㊳ $16 \div 2 =$　　㊴ $28 \div 4 =$

㊵ $18 \div 9 =$

月　　日　名前

わり算（あまりなし）⑫
４０問練習

🍎　次の計算をしましょう。

① 24÷4＝　　② 63÷9＝　　③ 0÷2＝

④ 10÷5＝　　⑤ 9÷9＝　　⑥ 21÷7＝

⑦ 36÷4＝　　⑧ 0÷7＝　　⑨ 2÷2＝

⑩ 35÷7＝　　⑪ 18÷3＝　　⑫ 4÷4＝

⑬ 16÷8＝　　⑭ 20÷4＝　　⑮ 40÷5＝

⑯ 9÷1＝　　⑰ 54÷9＝　　⑱ 0÷3＝

⑲ 24÷3＝　　⑳ 5÷5＝　　㉑ 3÷1＝

㉒ 54÷6＝　　㉓ 3÷3＝　　㉔ 81÷9＝

㉕ 56÷8＝　　㉖ 42÷7＝　　㉗ 15÷3＝

㉘ 45÷9＝　　㉙ 0÷1＝　　㉚ 7÷1＝

㉛ 48÷6＝　　㉜ 16÷4＝　　㉝ 18÷6＝

㉞ 6÷3＝　　㉟ 32÷4＝　　㊱ 28÷7＝

㊲ 0÷6＝　　㊳ 7÷7＝　　㊴ 10÷2＝

㊵ 45÷5＝

月　　日　名前

わり算（あまりなし）⑬

50問練習

🍎 次の計算をしましょう。

① 15÷3＝　　② 36÷9＝　　③ 18÷3＝

④ 27÷9＝　　⑤ 8÷4＝　　⑥ 21÷3＝

⑦ 28÷4＝　　⑧ 54÷9＝　　⑨ 6÷6＝

⑩ 12÷2＝　　⑪ 24÷8＝　　⑫ 14÷2＝

⑬ 42÷7＝　　⑭ 30÷6＝　　⑮ 0÷2＝

⑯ 6÷3＝　　⑰ 42÷6＝　　⑱ 35÷5＝

⑲ 20÷4＝　　⑳ 18÷9＝　　㉑ 36÷6＝

㉒ 2÷1＝　　㉓ 18÷6＝　　㉔ 7÷7＝

㉕ 3÷1＝　　㉖ 64÷8＝　　㉗ 36÷4＝

㉘ 27÷3＝　　㉙ 32÷4＝　　㉚ 4÷1＝

㉛ 49÷7＝　　㉜ 32÷8＝　　㉝ 6÷2＝

㉞ 21÷7＝　　㉟ 0÷1＝　　㊱ 54÷6＝

㊲ 1÷1＝　　㊳ 48÷6＝　　㊴ 7÷1＝

㊵ 56÷7＝　　㊶ 8÷8＝　　㊷ 24÷3＝

㊸ 4÷2＝　　㊹ 72÷9＝　　㊺ 63÷7＝

㊻ 8÷2＝　　㊼ 35÷7＝　　㊽ 0÷9＝

㊾ 18÷2＝　　㊿ 30÷5＝

36

わり算（あまりなし）⑭
50問練習

次の計算をしましょう。

① $14 \div 2 =$　　② $42 \div 7 =$　　③ $30 \div 6 =$

④ $7 \div 1 =$　　⑤ $56 \div 7 =$　　⑥ $8 \div 8 =$

⑦ $24 \div 3 =$　　⑧ $15 \div 3 =$　　⑨ $0 \div 7 =$

⑩ $10 \div 2 =$　　⑪ $24 \div 6 =$　　⑫ $12 \div 4 =$

⑬ $14 \div 7 =$　　⑭ $12 \div 3 =$　　⑮ $5 \div 1 =$

⑯ $28 \div 7 =$　　⑰ $63 \div 9 =$　　⑱ $9 \div 9 =$

⑲ $45 \div 5 =$　　⑳ $9 \div 3 =$　　㉑ $8 \div 1 =$

㉒ $2 \div 2 =$　　㉓ $36 \div 6 =$　　㉔ $18 \div 2 =$

㉕ $0 \div 3 =$　　㉖ $30 \div 5 =$　　㉗ $81 \div 9 =$

㉘ $4 \div 4 =$　　㉙ $40 \div 5 =$　　㉚ $6 \div 1 =$

㉛ $35 \div 7 =$　　㉜ $16 \div 2 =$　　㉝ $3 \div 3 =$

㉞ $16 \div 8 =$　　㉟ $40 \div 8 =$　　㊱ $16 \div 4 =$

㊲ $48 \div 8 =$　　㊳ $0 \div 4 =$　　㊴ $56 \div 8 =$

㊵ $45 \div 9 =$　　㊶ $0 \div 5 =$　　㊷ $72 \div 8 =$

㊸ $0 \div 6 =$　　㊹ $9 \div 1 =$　　㊺ $6 \div 6 =$

㊻ $63 \div 7 =$　　㊼ $8 \div 2 =$　　㊽ $0 \div 8 =$

㊾ $12 \div 6 =$　　㊿ $24 \div 4 =$

わり算（あまりなし）⑮
何倍かをもとめる

① まことさんはカードを12まい、妹は4まい持っています。まことさんの持っているカードは妹の何倍ですか。

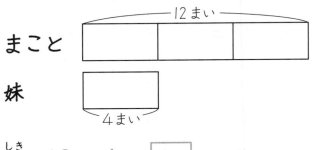

まこと

妹

式　12÷4＝□

答え　　　　　　　倍

何倍かをもとめるときは、わり算を使います。

② 1組の3月生まれの人は6人、2組では3人です。
1組の3月生まれの人は、2組の何倍ですか。

式

答え

③ りょう子さんはシールを18まい持っています。ひろ子さんは6まいです。
りょう子さんのシールは、ひろ子さんの何倍ですか。

式

答え

わり算（あまりなし）⑯
何倍かをもとめる

① 豆つまみをしました。じゅんやさんは24こ、弟は8こ取りました。じゅんやさんは、弟の何倍取りましたか。

式

答え

② 大きい水とうは8dL、小さい水とうは2dLの水が入ります。大きい水とうは、小さい水とうの何倍入りますか。

式

答え

③ 黄色のリボンは72cm、赤色のリボンは9cmです。
黄色のリボンは、赤色のリボンの何倍ですか。

式

答え

④ りささんはビー玉を5こ、お兄さんは15こ持っています。
お兄さんは、りささんの何倍ビー玉を持っていますか。

式

答え

⑤ カルタをしました。みゆきさんは20まい、妹は5まい取りました。みゆきさんは、妹の何倍取りましたか。

式

答え

月　日　名前

まとめ ③
わり算（あまりなし）

/50点

 ① 12このみかんを3人で同じ数ずつ分けます。

① みかんを〇で表して、右の ◯ の中で分けましょう。　（4点）

② 1人分は何こになりますか。　（式2点、答え2点／4点）

式

答え＿＿＿＿＿＿ こ

 ② 次の計算をしましょう。　（各3点／42点）

① 42÷7＝

② 8÷8＝

③ 9÷1＝

④ 36÷6＝

⑤ 0÷4＝

⑥ 5÷5＝

⑦ 18÷6＝

⑧ 21÷7＝

⑨ 40÷5＝

⑩ 81÷9＝

⑪ 56÷8＝

⑫ 48÷8＝

⑬ 32÷4＝

⑭ 28÷7＝

月　　日　名前

まとめ ④
わり算（あまりなし）

／50点

① 長さ24mの白いロープと、長さ６ｍの赤いロープがあります。白いロープは、赤いロープの何倍ですか。

(式10点、答え10点／20点)

式

答え　　　　　　倍

② アサガオのたねを１つのはちに３つぶずつまきます。27つぶまきましたが、はちが３はちのこっています。はちは全部でいくつありますか。

(式10点、答え10点／20点)

式

答え　　　　　　はち

③ 24÷8の問題をつくりましょう。

(10点)

月　　日　名前

たし算 ①
文章題

① 　みんなで空きかんを拾いました。アルミかんを476こ、
スチールかんを223こ拾いました。
　拾った空きかんは全部で何こになりますか。

式

```
    4 7 6
 +  2 2 3
```

答え _____

② 　まどかさんは、筆箱と消しゴムを買いました。
　筆箱は 638 円、消しゴムは 53円 です。両方でいくらに
なりますか。

式

```
 +
```

答え _____

☆くり上がりに気を
　つけましょう

③ 　325 円のパイと 550 円のケーキを買いました。
　代金は何円になりますか。

式

```
 +
```

答え _____

月　　日　名前

たし算 ②
文章題

① 花だんに、赤い花が 517 本、白い花が 440 本さきました。さいた花は、合わせて何本ですか。

式

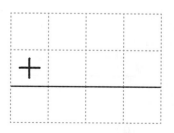

答え

② ゆうたさんの学校には女子が 245 人、男子が 267 人います。全校生は何人ですか。

式

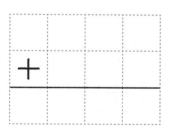

答え

③ まさきさんの家から公園まで 96 m、公園から学校まで 647m あります。家から公園を通って学校までは、何mですか。

式

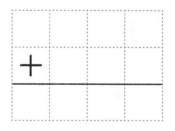

答え

たし算 ③
筆算（くり上がりなし）

 次の計算をしましょう。

①
```
  4 7 0
+ 4 2 0
```

②
```
  2 5 6
+ 4 3 1
```

③
```
  1 3 8
+ 7 6 0
```

④
```
  2 0 1
+ 5 9 2
```

⑤
```
  6 1 2
+ 1 4 3
```

⑥
```
  3 3 5
+ 2 0 4
```

⑦
```
  2 5 4
+ 2 1 3
```

⑧
```
  1 1 3
+ 4 7 3
```

⑨
```
  2 1 2
+ 1 8 6
```

⑩
```
  4 6 1
+ 2 2 8
```

⑪
```
  1 5 7
+ 1 1 0
```

⑫
```
  3 2 6
+ 1 2 3
```

⑬
```
  1 2 3
+ 8 7 4
```

⑭
```
  2 3 1
+ 5 2 6
```

⑮
```
  6 1 4
+ 1 2 5
```

月　　日　名前

たし算 ④

筆算（くり上がり１回）

 次の計算をしましょう。

①
```
  4 7 7
+ 2 1 4
```

②
```
  2 4 8
+ 1 1 2
```

③
```
  5 2 1
+ 2 5 9
```

④
```
  1 0 9
+ 5 6 5
```

⑤
```
  3 2 6
+ 2 6 6
```

⑥
```
  1 1 3
+ 7 5 8
```

⑦
```
  2 7 9
+ 1 3 0
```

⑧
```
  2 8 2
+ 1 9 2
```

⑨
```
  1 5 3
+ 1 5 3
```

⑩
```
  1 3 2
+ 2 7 6
```

⑪
```
  1 6 7
+ 1 9 2
```

⑫
```
  4 8 6
+ 4 5 1
```

⑬
```
  5 3 4
+ 4 4 6
```

⑭
```
  1 3 6
+ 3 5 7
```

⑮
```
  5 1 9
+ 2 3 3
```

たし算 ⑤
筆算（くり上がり２回）

 次の計算をしましょう。

①
```
   7 8 6
 + 1 8 4
```

②
```
   5 8 9
 + 2 6 3
```

③
```
   1 4 5
 + 6 7 6
```

④
```
   3 9 4
 + 2 1 9
```

⑤
```
   3 2 4
 + 1 8 8
```

⑥
```
   1 5 2
 + 4 5 9
```

⑦
```
   4 4 7
 + 2 7 3
```

⑧
```
   2 6 7
 + 4 5 7
```

⑨
```
   6 6 9
 + 1 5 9
```

⑩
```
   6 3 8
 + 2 7 3
```

⑪
```
   4 6 7
 + 3 6 8
```

⑫
```
   2 9 6
 + 1 8 5
```

⑬
```
   1 9 4
 + 5 2 6
```

⑭
```
   6 8 7
 + 1 2 6
```

⑮
```
   2 8 9
 + 3 3 7
```

たし算 ⑥
筆算（くりくり上がり）

 次の計算をしましょう。

①
```
   3 2 9
 + 5 7 3
─────────
```

②
```
   4 4 7
 + 1 5 8
─────────
```

③
```
   1 4 9
 + 4 5 1
─────────
```

④
```
   7 3 6
 + 1 6 9
─────────
```

⑤
```
   6 7 8
 + 2 2 6
─────────
```

⑥
```
   4 5 6
 + 3 4 4
─────────
```

⑦
```
   2 8 4
 + 1 1 8
─────────
```

⑧
```
   3 4 9
 + 1 5 5
─────────
```

⑨
```
   2 0 3
 + 2 9 7
─────────
```

⑩
```
   5 2 7
 + 3 7 4
─────────
```

⑪
```
   5 0 5
 + 1 9 8
─────────
```

⑫
```
   5 8 7
 + 2 1 6
─────────
```

⑬
```
   3 1 8
 + 1 8 3
─────────
```

⑭
```
   1 6 9
 + 2 3 8
─────────
```

⑮
```
   2 2 4
 + 2 7 7
─────────
```

たし算 ⑦

4けたのたし算

 次の計算をしましょう。

①
```
  3 2 3 8
+ 2 2 2 1
─────────
```

②
```
  2 3 6 6
+ 4 6 1 3
─────────
```

③
```
  5 6 6 2
+ 2 2 1 0
─────────
```

④
```
  8 4 4 7
+ 1 4 2 2
─────────
```

⑤
```
  1 4 2 1
+ 7 2 1 9
─────────
```

⑥
```
  4 5 1 9
+ 4 2 3 2
─────────
```

⑦
```
  6 6 3 6
+ 1 0 9 3
─────────
```

⑧
```
  7 3 8 0
+ 2 0 6 6
─────────
```

⑨
```
  5 5 7 8
+ 3 5 1 0
─────────
```

⑩
```
  2 6 8 6
+ 6 9 0 2
─────────
```

月　　日 名前

たし算 ⑧
4けたのたし算

 次の計算をしましょう。

①
```
   2 8 4 2
 + 7 3 5 8
```

②
```
   8 2 0 7
 + 7 2 9 7
```

③
```
   3 5 9 8
 + 6 4 0 9
```

④
```
   5 9 9 2
 + 4 0 0 9
```

⑤
```
   6 9 6 7
 + 3 3 6 5
```

⑥
```
   8 6 3 9
 + 4 3 9 7
```

⑦
```
   3 7 2 1
 + 7 4 8 9
```

⑧
```
   8 6 6 6
 + 1 6 5 6
```

⑨
```
   2 5 6 3
 + 7 4 5 8
```

⑩
```
   9 6 3 2
 + 6 4 6 9
```

月　　日　名前

まとめ ⑤
たし算

/50点

次の計算をしましょう。

（各5点／50点）

①
```
  1 3 6
+ 7 6 0
```

②
```
  1 5 3
+ 1 6 4
```

③
```
  4 6 7
+ 3 6 9
```

④
```
  1 6 9
+ 2 3 7
```

⑤
```
    8 3
+ 2 1 6
```

⑥
```
  3 0 8
+   4 5
```

⑦
```
  7 3 8 1
+ 2 0 6 3
```

⑧
```
  2 8 4 2
+ 7 3 5 9
```

⑨
```
    8 6 4
+ 1 1 3 7
```

⑩
```
  3 5 4 0
+   7 5 9
```

月　日　名前

まとめ ⑥
たし算

/50点

① 次の筆算でかくれた数を答えましょう。

（□1つ5点／20点）

①
```
   2 9 6
+  3 □ 7
─────────
   □ 5 3
```

②
```
   4 □ 2 8
+  1 0 8 3
─────────
   □ 4 1 1
```

② まりさんの学校の1〜3学年は 187 人で、4〜6学年は 214 人です。全校で何人ですか。

（式5点、答え10点／15点）

式

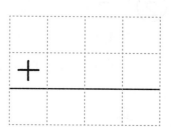

答え　　　　　　　人

③ 遊園地の入場者数は、今日が 5643 人、きのうは 2898 人でした。2日間合わせると何人ですか。

（式5点、答え10点／15点）

式

答え　　　　　　　人

ひき算 ①
文章題

① 3年1組で育てた落花生が 476 こ取れました。
そのうち 231 こ食べました。のこりは何こですか。

式

```
    4 7 6
  - 2 3 1
```

答え ＿＿＿＿＿＿＿＿＿

② こうたさんは絵葉書を 374 まい、切手を 338 まい持っています。絵葉書に切手を1まいずつはりました。
切手をはっていない絵葉書は何まいですか。

式

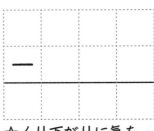

答え ＿＿＿＿＿＿＿＿＿

☆くり下がりに気を
つけましょう

③ えみ子さんは、500 円持って買い物に行き、378 円の本を買いました。今、何円持っていますか。

式

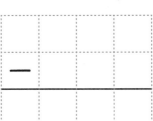

答え ＿＿＿＿＿＿＿＿＿

ひき算 ②
文章題

① 遊園地には、603 人のお客さんがいます。そのうち、大人は 242 人です。子どもは何人ですか。

式

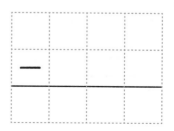

答え _____

② けんじさんは 500 円玉を1まい持っておかしを買いに行きました。298 円のチョコレートを買いました。おつりはいくらになりますか。

式

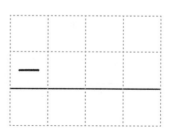

答え _____

③ 405 このビー玉があります。そのうち 87 こはとうめいです。とうめいでないビー玉は何こですか。

式

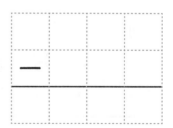

答え _____

ひき算 ③
筆算（くり下がりなし）

 次の計算をしましょう。

①
```
  6 9 4
- 1 3 3
```

②
```
  9 3 6
- 4 1 5
```

③
```
  4 7 5
- 3 4 5
```

④
```
  5 6 8
- 3 2 5
```

⑤
```
  9 3 7
- 7 0 7
```

⑥
```
  3 9 6
- 1 2 3
```

⑦
```
  9 3 1
- 5 2 0
```

⑧
```
  2 5 9
- 1 4 0
```

⑨
```
  8 5 6
- 2 1 2
```

⑩
```
  7 5 7
- 4 2 6
```

⑪
```
  4 8 3
- 2 5 3
```

⑫
```
  8 0 9
- 1 0 5
```

⑬
```
  4 8 4
- 1 7 2
```

⑭
```
  8 9 2
- 4 0 0
```

⑮
```
  7 6 5
- 1 4 3
```

ひき算 ④
筆算（くり下がり1回）

 次の計算をしましょう。

①
```
  6 8 7
- 3 5 8
```

②
```
  2 8 4
- 1 2 8
```

③
```
  6 9 0
- 3 1 7
```

④
```
  7 1 3
- 5 0 8
```

⑤
```
  6 2 4
- 2 1 9
```

⑥
```
  7 2 5
- 1 1 7
```

⑦
```
  2 8 4
- 1 2 6
```

⑧
```
  8 7 6
- 7 4 7
```

⑨
```
  3 8 0
- 1 3 9
```

⑩
```
  8 6 6
- 1 7 3
```

⑪
```
  5 3 7
- 1 6 4
```

⑫
```
  7 4 7
- 1 9 1
```

⑬
```
  5 2 7
- 2 4 5
```

⑭
```
  3 3 5
- 1 8 2
```

⑮
```
  4 0 7
- 1 5 2
```

ひき算 ⑤
筆算（くり下がり２回）

 次の計算をしましょう。

①
```
    8 1 2
 -  1 3 7
```

②
```
    4 3 1
 -  2 9 5
```

③
```
    8 3 7
 -  6 5 9
```

④
```
    5 6 4
 -  3 9 5
```

⑤
```
    6 2 1
 -  1 7 4
```

⑥
```
    7 4 2
 -  1 4 7
```

⑦
```
    8 3 1
 -  3 4 4
```

⑧
```
    5 3 2
 -  2 5 6
```

⑨
```
    3 1 0
 -  1 7 5
```

⑩
```
    7 7 2
 -  6 9 5
```

⑪
```
    9 4 0
 -  8 9 3
```

⑫
```
    3 2 6
 -  2 8 9
```

⑬
```
    6 2 1
 -  5 8 3
```

⑭
```
    5 1 5
 -  4 5 6
```

⑮
```
    4 8 4
 -  3 9 8
```

ひき算 ⑥
筆算（くりくり下がり）

 次の計算をしましょう。

①
```
    6 0 7
  － 3 5 8
```

②
```
    9 0 1
  － 2 8 9
```

③
```
    8 0 0
  － 1 7 3
```

④
```
    7 0 3
  － 5 4 8
```

⑤
```
    4 0 8
  － 1 5 9
```

⑥
```
    5 0 1
  － 2 2 6
```

⑦
```
    9 0 2
  － 7 6 5
```

⑧
```
    5 0 4
  － 1 1 6
```

⑨
```
    6 0 8
  － 2 8 9
```

⑩
```
    4 0 7
  － 3 4 9
```

⑪
```
    7 0 2
  － 6 4 7
```

⑫
```
    5 0 5
  － 4 2 8
```

⑬
```
    9 0 0
  － 8 8 3
```

⑭
```
    7 0 6
  － 6 6 7
```

⑮
```
    4 0 1
  － 3 5 4
```

ひき算 ⑦
４けたのひき算

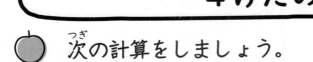

次の計算をしましょう。

①
```
  4 1 2 8
- 2 1 0 6
```

②
```
  6 2 7 8
- 1 0 5 7
```

③
```
  7 2 3 6
- 5 1 6 8
```

④
```
  8 1 6 5
- 3 0 8 8
```

⑤
```
  9 3 6 3
- 6 2 7 6
```

⑥
```
  3 4 5 3
- 1 2 6 7
```

⑦
```
  7 3 4 2
- 4 5 1 8
```

⑧
```
  5 6 5 8
- 2 7 1 9
```

⑨
```
  5 1 7 1
- 4 7 3 7
```

⑩
```
  8 5 6 3
- 7 6 4 5
```

ひき算 ⑧
４けたのひき算

 次の計算をしましょう。

①
```
  8 9 6 7
- 4 1 0 3
```

②
```
  8 9 5 3
- 8 5 3 6
```

③
```
  7 1 9 2
- 1 2 3 4
```

④
```
  5 8 5 2
-   5 2 8
```

⑤
```
  9 6 3 4
- 2 1 7 7
```

⑥
```
  6 1 5 1
- 4 5 8 1
```

⑦
```
  3 3 8 7
-   9 2 1
```

⑧
```
  2 7 2 6
- 1 5 0 6
```

⑨
```
  6 2 8 4
- 2 0 3 9
```

⑩
```
  7 1 4 6
- 4 7 8 3
```

月　　日　名前

ひき算

/50点

 次の計算をしましょう。

（各5点／50点）

①
```
    6 9 4
-   1 3 1
─────────
```

②
```
    2 8 4
-   1 2 6
─────────
```

③
```
    4 3 1
-   2 9 6
─────────
```

④
```
    5 3 2
-   4 5 4
─────────
```

⑤
```
    8 0 7
-   2 2 8
─────────
```

⑥
```
    9 0 0
-   6 7 5
─────────
```

⑦
```
  4 1 2 8
- 2 1 0 7
─────────
```

⑧
```
  6 1 5 1
- 4 6 8 1
─────────
```

⑨
```
  8 5 6 2
-   4 8 3
─────────
```

⑩
```
  3 3 8 5
-   6 2 8
─────────
```

まとめ ⑧
ひき算

/50点

① 次の筆算でかくれた数を答えましょう。

（□1つ5点／20点）

①
```
    5 7 1
  − 2 □ 5
  ───────
    2 9 □
```

②
```
    9 □ 7 7
  − 6 1 □ 5
  ─────────
    3 0 8 2
```

② ゆうかさんの学校の子どもは 514 人です。そのうち女子は 258 人です。男子は何人ですか。

（式5点、答え10点／15点）

式

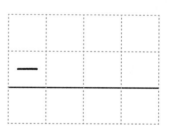

答え _____ 人

③ くつを買いに行きました。赤は 6520 円、黒は 6345 円です。どちらがどれだけ高いですか。

（式5点、答え10点／15点）

式

答え _____ が _____ 円高い

まきじゃくを読む

次の↓の目もりを読みましょう。

①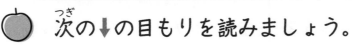

70　80　90・2m　10　20　30　40　50　60　70　80　90　3m

☐ m ☐ cm

②

80　90　7m　10　20　30　40　50　60　70　80　90　8m　10

☐ m ☐ cm

③

30　40　50　60　70　80　90　5m　10　20　30　40　50　60

☐ m ☐ cm

④

50　60　70　80　90　12m　10　20　30　40　50　60　70　80

☐ m ☐ cm

⑤

10　20　30　40　50　60　70　80　90　1m　10　20　30　40

☐ cm

長さ ②
長さの計算

① ①～③の長さを、まきじゃくに ↓ でかきましょう。

（れい）　３ｍ

① 　２ｍ80cm　　② 　３ｍ25cm　　③ 　３ｍ40cm

② 次の計算をしましょう。

① 　60cm＋40cm＝　　　　＝　ｍ

② 　１ｍ－20cm＝　　　　－20cm＝

③ 　５ｍ30cm＋70cm＝　ｍ　　cm＝　ｍ

④ 　１ｍ60cm－80cm＝　　　　－80cm＝

⑤ 　11ｍ35cm＋85cm＝　ｍ　　cm＝　ｍ　　cm

⑥ 　７ｍ－１ｍ90cm＝　ｍ　　cm－１ｍ90cm

　　　　　　　　　　　　＝　ｍ　　cm

⑦ 　１ｍ50cm＋１ｍ50cm＝　ｍ　　cm＝　ｍ

⑧ 　10ｍ25cm－７ｍ85cm＝　ｍ　　cm－７ｍ85cm

　　　　　　　　　　　　　＝　ｍ

長さ ③
km（キロメートル）

長さのたんい…キロメートル

道にそってはかった長さを 道のり といいます。

また、まっすぐにはかった長さを きょり といいます。

道のりやきょりなどを表すときの長さのたんいに km（キロメートル）があります。

1kmは1000mです。（1km＝1000m）

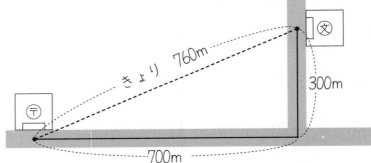

① km（キロメートル）のかき方を練習しましょう。

km　km　km　km　km　km　km

② □ にあてはまることばや数を入れましょう。

① 道にそってはかった長さを [　　　　] といいます。

② まっすぐにはかった長さを [　　　　] といいます。

③ 3kmは [　　　　] mです。

④ 6000mは [　　　　] kmです。

長さ ④
長さの計算など

① 次の計算をしましょう。

① 2 km＋7 km＝

② 300 m＋700 m＝　　　　 m＝　　 km

③ 23 km－8 km＝

④ 1 km－600 m＝　　　　 m－600 m＝

② （　　　）のたんいに直しましょう。

① 5km　　　　（　　　　　　　 m）

② 6000m　　　　（　　　　　 km）

③ 7m　　　　（　　　　　　 cm）

④ 200cm　　　　（　　　　　　　 m）

⑤ 8 cm　　　　（　　　　　 mm）

⑥ 40mm　　　　（　　　　　 cm）

⑦ 3 km400m　　（　　　　　　　 m）

⑧ 7200m　　　　（　　　 km　　　 m）

月　　日 名前

まとめ ⑨
長さ

／50点

① まきじゃくの㋐～㋓の目もりを読みましょう。 　(各5点／20点)

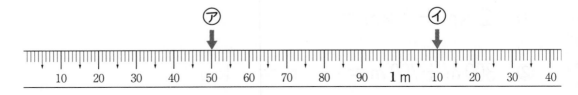

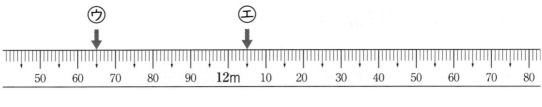

㋐　(　　　　　　　　　　) 　㋑　(　　　　　　　　　　)

㋒　(　　　　　　　　　　) 　㋓　(　　　　　　　　　　)

② 次の ☐ にあてはまる数をかきましょう。 　(各5点／30点)

①　4km＝ [　　　　] m

②　7000m＝ [　　　　] km

③　3400m＝ [　　　　] km [　　　　] m

④　2m＝ [　　　] cm

⑤　4cm＝ [　　　] mm

⑥　800cm＝ [　　　] m

まとめ ⑩
長さ

/50点

① （　　）にあてはまる長さのたんいをかきましょう。

(各5点／20点)

① ノートのあつさ　　　　　　　5（　　　　）

② 家から学校までの道のり　　　2（　　　　）

③ つくえのたての長さ　　　　　45（　　　　）

④ 運動場のトラック1しゅう　　160（　　　　）

② 次の計算をしましょう。

(各5点／30点)

① 50cm＋50cm＝　　　　　＝　　m

② 1m－20cm＝　　　　　－20cm＝

③ 1m30cm－50cm＝　　　　－50cm＝

④ 4km＋5km＝

⑤ 400m＋600m＝　　　　＝　　km

⑥ 5m＋5m＝　　　　＝　　　cm

わり算（あまりあり）①
等分除

🍎 17このチョコレートを5人に同じ数ずつ配ります。
1人に何こ配れて、何こあまりますか。

① 式をかきましょう。

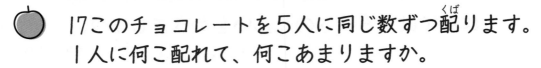

$$\boxed{} \div \boxed{}$$

② 17このチョコレートを5つの皿に配ります。

| ①⑥⑪ | ②⑦⑫ | ③⑧⑬ | ④⑨⑭ | ⑤⑩⑮ |

⑯⑰…あまり

1人に $\boxed{}$ こずつで、$\boxed{}$ こあまる。

③ 式と答えをかきましょう。

式 $\boxed{} \div \boxed{} = \boxed{}$ あまり $\boxed{}$

答え 1人 ____ こで ____ こあまる

17÷5のように、あまりのあるときは「わり切れない」といいます。また、15÷5＝3のように、あまりのないときは「わり切れる」といいます。

月　日　名前

わり算（あまりあり）②
等分除

① 20このみかんを、3人に同じ数ずつ配ります。1人に何こ配れて、何こあまりますか。

式 　□ ÷ □

□ のだんの九九を使いましょう。

3×1=3
3×2=6
　⋮
3× □ =18
3×7=21

□ ÷ □ ＝ □ あまり □

答え 1人　　こずつで　　こあまる

② 15まいの色紙を4人で同じ数ずつ分けます。1人に何まいずつで、何まいあまりますか。

式 　□ ÷ □ ＝ □ … □

（「…」は「あまり」を表します。）

4×1=4
4×2=8
　⋮

答え 1人　　まいずつで　　まいあまる

わり算（あまりあり）③
包含除

🍎 13このキャラメルを1人3こずつ配ります。
何人に配ることができますか。

① 式をかきましょう。

$$\boxed{} \div \boxed{}$$

② 13このキャラメルを、3こずつ線でかこみましょう。

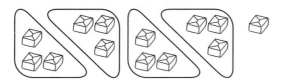

$\boxed{}$ 人に配れて $\boxed{}$ こあまる。

③ 式と答えをかきましょう。

式 $\boxed{} \div \boxed{} = \boxed{}$ あまり $\boxed{}$

答え　　　　　人に配れて　　　こあまる

わり算（あまりあり）④
包含除

① 花が32本あります。6本ずつ花たばにすると、何たばできて、何本あまりますか。

式　[　]　÷　[　]

[　]　のだんの九九を使いましょう。

6×1＝6
6×2＝12
　　⋮
6×[　]＝30　　　　[　]　÷　[　]　＝　[　]　あまり　[　]
6×6＝36

答え　　　たばできて　　　本あまる

② 58cmのテープがあります。8cmずつ切ると、何本取れて、何cmあまりますか。

式　[　]　÷　[　]　＝　[　]　…　[　]

（「…」は「あまり」を表します。）

8×1＝8
8×2＝16
　　⋮

答え　　　本取れて　　　cmあまる

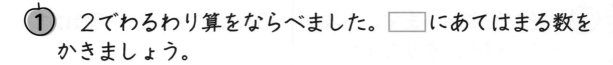

わり算（あまりあり）⑤
わる数とあまりの大きさ

① 　2でわるわり算をならべました。□にあてはまる数を
かきましょう。

$10 ÷ 2 = 5$

$11 ÷ 2 = 5$ あまり □

$12 ÷ 2 = 6$

$13 ÷ 2 = 6$ あまり □

2のわり算では、あまりは1でした。

② 　3でわるわり算をならべました。□にあてはまる数を
かきましょう。

$10 ÷ 3 = 3$ あまり　1

$11 ÷ 3 = 3$ あまり □

$12 ÷ 3 = 4$

$13 ÷ 3 = 4$ あまり □

$14 ÷ 3 = 4$ あまり □

3のわり算では、あまりは1と2でした。

わり算（あまりあり）⑥
わる数とあまりの大きさ

① 4でわるわり算をならべました。□にあてはまる数を
かきましょう。

13 ÷ 4 ＝ 3 あまり 1

14 ÷ 4 ＝ 3 あまり □

15 ÷ 4 ＝ 3 あまり □

16 ÷ 4 ＝ 4

17 ÷ 4 ＝ 4 あまり □

18 ÷ 4 ＝ 4 あまり □

19 ÷ 4 ＝ 4 あまり □

20 ÷ 4 ＝ 5

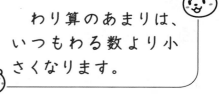

わり算のあまりは、
いつもわる数より小
さくなります。

② 次のわり算の、答えのまちがいを直しましょう。

① 37÷4＝8あまり5　　──→

② 18÷5＝2あまり8　　──→

③ 29÷3＝8あまり5　　──→

④ 63÷7＝8あまり7　　──→

わり算（あまりあり）⑦
くり下がりなし（30問練習）

次の計算をしましょう。（…はあまりを 表 す）

① 55÷9 ＝　　…　　② 8÷7 ＝　　…

③ 24÷5 ＝　　…　　④ 15÷6 ＝　　…

⑤ 25÷4 ＝　　…　　⑥ 33÷4 ＝　　…

⑦ 33÷6 ＝　　…　　⑧ 21÷4 ＝　　…

⑨ 33÷8 ＝　　…　　⑩ 9÷5 ＝　　…

⑪ 64÷7 ＝　　…　　⑫ 56÷6 ＝　　…

⑬ 87÷9 ＝　　…　　⑭ 45÷7 ＝　　…

⑮ 46÷6 ＝　　…　　⑯ 38÷5 ＝　　…

⑰ 29÷3 ＝　　…　　⑱ 7÷2 ＝　　…

⑲ 19÷9 ＝　　…　　⑳ 58÷7 ＝　　…

㉑ 78÷9 ＝　　…　　㉒ 3÷8 ＝ 0 … 3

㉓ 57÷6 ＝　　…　　㉔ 42÷5 ＝　　…

㉕ 79÷8 ＝　　…　　㉖ 44÷7 ＝　　…

㉗ 25÷6 ＝　　…　　㉘ 14÷5 ＝　　…

㉙ 13÷3 ＝　　…　　㉚ 57÷9 ＝　　…

月　　日　名前

わり算（あまりあり）⑧
くり下がりなし（30問練習）

🍎 次の計算をしましょう。

① $28 \div 9 =$ 　　…　　② $68 \div 7 =$ 　　…

③ $27 \div 6 =$ 　　…　　④ $21 \div 5 =$ 　　…

⑤ $4 \div 3 =$ 　　…　　⑥ $11 \div 5 =$ 　　…

⑦ $8 \div 9 =$ 　　…　　⑧ $48 \div 5 =$ 　　…

⑨ $84 \div 9 =$ 　　…　　⑩ $37 \div 8 =$ 　　…

⑪ $6 \div 4 =$ 　　…　　⑫ $11 \div 2 =$ 　　…

⑬ $29 \div 6 =$ 　　…　　⑭ $42 \div 8 =$ 　　…

⑮ $56 \div 9 =$ 　　…　　⑯ $68 \div 9 =$ 　　…

⑰ $59 \div 7 =$ 　　…　　⑱ $19 \div 6 =$ 　　…

⑲ $46 \div 9 =$ 　　…　　⑳ $2 \div 6 =$ 　　…

㉑ $14 \div 4 =$ 　　…　　㉒ $76 \div 8 =$ 　　…

㉓ $17 \div 7 =$ 　　…　　㉔ $64 \div 9 =$ 　　…

㉕ $17 \div 8 =$ 　　…　　㉖ $15 \div 6 =$ 　　…

㉗ $22 \div 4 =$ 　　…　　㉘ $16 \div 3 =$ 　　…

㉙ $86 \div 9 =$ 　　…　　㉚ $24 \div 7 =$ 　　…

くり下がりなし（30問練習）

次の計算をしましょう。

① $82 \div 9 =$ 　　…　　② $22 \div 7 =$ 　　…

③ $66 \div 8 =$ 　　…　　④ $57 \div 6 =$ 　　…

⑤ $25 \div 4 =$ 　　…　　⑥ $14 \div 5 =$ 　　…

⑦ $8 \div 3 =$ 　　…　　⑧ $76 \div 9 =$ 　　…

⑨ $36 \div 8 =$ 　　…　　⑩ $45 \div 7 =$ 　　…

⑪ $27 \div 6 =$ 　　…　　⑫ $42 \div 5 =$ 　　…

⑬ $34 \div 4 =$ 　　…　　⑭ $25 \div 3 =$ 　　…

⑮ $48 \div 9 =$ 　　…　　⑯ $37 \div 7 =$ 　　…

⑰ $44 \div 8 =$ 　　…　　⑱ $27 \div 5 =$ 　　…

⑲ $35 \div 6 =$ 　　…　　⑳ $6 \div 4 =$ 　　…

㉑ $9 \div 2 =$ 　　…　　㉒ $58 \div 9 =$ 　　…

㉓ $27 \div 8 =$ 　　…　　㉔ $45 \div 6 =$ 　　…

㉕ $66 \div 7 =$ 　　…　　㉖ $38 \div 5 =$ 　　…

㉗ $76 \div 8 =$ 　　…　　㉘ $66 \div 9 =$ 　　…

㉙ $39 \div 6 =$ 　　…　　㉚ $18 \div 5 =$ 　　…

わり算（あまりあり）⑩

くり下がりなし（30問練習）

次の計算をしましょう。

① 49÷9＝　　…　　② 28÷8＝　　…

③ 39÷7＝　　…　　④ 56÷6＝　　…

⑤ 41÷5＝　　…　　⑥ 11÷2＝　　…

⑦ 26÷3＝　　…　　⑧ 47÷7＝　　…

⑨ 33÷8＝　　…　　⑩ 78÷9＝　　…

⑪ 4÷3＝　　…　　⑫ 22÷5＝　　…

⑬ 68÷8＝　　…　　⑭ 19÷9＝　　…

⑮ 32÷6＝　　…　　⑯ 12÷5＝　　…

⑰ 68÷7＝　　…　　⑱ 18÷8＝　　…

⑲ 47÷6＝　　…　　⑳ 85÷9＝　　…

㉑ 16÷3＝　　…　　㉒ 59÷7＝　　…

㉓ 68÷9＝　　…　　㉔ 29÷6＝　　…

㉕ 17÷2＝　　…　　㉖ 15÷4＝　　…

㉗ 5÷8＝　　…　　㉘ 29÷9＝　　…

㉙ 19÷7＝　　…　　㉚ 25÷6＝　　…

わり算（あまりあり）⑪
くり下がりなし（40問練習）

🍎 次の計算をしましょう。

① 8÷3＝　…　　② 5÷9＝　…　　③ 66÷7＝　…

④ 73÷9＝　…　　⑤ 39÷8＝　…　　⑥ 19÷7＝　…

⑦ 4÷5＝　…　　⑧ 3÷7＝　…　　⑨ 76÷9＝　…

⑩ 47÷5＝　…　　⑪ 55÷9＝　…　　⑫ 8÷7＝　…

⑬ 24÷5＝　…　　⑭ 15÷6＝　…　　⑮ 25÷4＝　…

⑯ 33÷4＝　…　　⑰ 33÷6＝　…　　⑱ 21÷4＝　…

⑲ 33÷8＝　…　　⑳ 9÷5＝　…　　㉑ 64÷7＝　…

㉒ 56÷6＝　…　　㉓ 87÷9＝　…　　㉔ 45÷7＝　…

㉕ 46÷6＝　…　　㉖ 38÷5＝　…　　㉗ 29÷3＝　…

㉘ 7÷2＝　…　　㉙ 19÷9＝　…　　㉚ 58÷7＝　…

㉛ 78÷9＝　…　　㉜ 3÷8＝　…　　㉝ 57÷6＝　…

㉞ 42÷5＝　…　　㉟ 79÷8＝　…　　㊱ 44÷7＝　…

㊲ 4÷6＝　…　　㊳ 14÷5＝　…　　㊴ 2÷3＝　…

㊵ 57÷9＝　…

わり算（あまりあり）⑫
くり下がりなし（40問練習）

🍎 次の計算をしましょう。

① 32÷6=　 …　　② 73÷9=　 …　　③ 11÷2=　 …

④ 45÷7=　 …　　⑤ 26÷6=　 …　　⑥ 49÷5=　 …

⑦ 29÷7=　 …　　⑧ 3÷8=　 …　　⑨ 57÷9=　 …

⑩ 26÷4=　 …　　⑪ 1÷7=　 …　　⑫ 19÷3=　 …

⑬ 23÷4=　 …　　⑭ 57÷6=　 …　　⑮ 75÷8=　 …

⑯ 67÷7=　 …　　⑰ 21÷5=　 …　　⑱ 42÷5=　 …

⑲ 6÷9=　 …　　⑳ 69÷8=　 …　　㉑ 27÷5=　 …

㉒ 76÷9=　 …　　㉓ 41÷8=　 …　　㉔ 69÷7=　 …

㉕ 37÷4=　 …　　㉖ 22÷5=　 …　　㉗ 67÷8=　 …

㉘ 33÷6=　 …　　㉙ 68÷9=　 …　　㉚ 8÷7=　 …

㉛ 45÷8=　 …　　㉜ 4÷6=　 …　　㉝ 38÷8=　 …

㉞ 4÷5=　 …　　㉟ 87÷9=　 …　　㊱ 43÷7=　 …

㊲ 55÷6=　 …　　㊳ 3÷4=　 …　　㊴ 59÷9=　 …

㊵ 13÷6=　 …

くり下がりなし（50問練習）

🍎 次の計算をしましょう。

① 27÷6＝　…　　② 66÷9＝　…　　③ 6÷4＝　…

④ 34÷8＝　…　　⑤ 19÷5＝　…　　⑥ 56÷6＝　…

⑦ 46÷9＝　…　　⑧ 9÷2＝　…　　⑨ 67÷9＝　…

⑩ 41÷5＝　…　　⑪ 6÷8＝　…　　⑫ 59÷6＝　…

⑬ 28÷3＝　…　　⑭ 16÷5＝　…　　⑮ 48÷7＝　…

⑯ 26÷8＝　…　　⑰ 29÷5＝　…　　⑱ 18÷7＝　…

⑲ 34÷5＝　…　　⑳ 44÷6＝　…　　㉑ 38÷8＝　…

㉒ 1÷3＝　…　　㉓ 56÷9＝　…　　㉔ 35÷8＝　…

㉕ 2÷6＝　…　　㉖ 41÷8＝　…　　㉗ 3÷5＝　…

㉘ 75÷9＝　…　　㉙ 7÷8＝　…　　㉚ 33÷5＝　…

㉛ 5÷9＝　…　　㉜ 17÷3＝　…　　㉝ 6÷7＝　…

㉞ 47÷8＝　…　　㉟ 14÷5＝　…　　㊱ 69÷7＝　…

㊲ 45÷6＝　…　　㊳ 17÷4＝　…　　㊴ 69÷8＝　…

㊵ 48÷5＝　…　　㊶ 29÷9＝　…　　㊷ 16÷7＝　…

㊸ 29÷4＝　…　　㊹ 25÷8＝　…　　㊺ 83÷9＝　…

㊻ 7÷5＝　…　　㊼ 78÷8＝　…　　㊽ 4÷7＝　…

㊾ 34÷6＝　…　　㊿ 26÷7＝　…

くり下がりなし（50問練習）

次の計算をしましょう。

① 28÷6＝　…　　② 64÷9＝　…　　③ 46÷7＝　…

④ 73÷8＝　…　　⑤ 8÷5＝　…　　⑥ 49÷9＝　…

⑦ 34÷6＝　…　　⑧ 14÷3＝　…　　⑨ 2÷9＝　…

⑩ 33÷4＝　…　　⑪ 58÷6＝　…　　⑫ 66÷9＝　…

⑬ 46÷5＝　…　　⑭ 56÷9＝　…　　⑮ 1÷8＝　…

⑯ 37÷6＝　…　　⑰ 58÷8＝　…　　⑱ 76÷8＝　…

⑲ 5÷2＝　…　　⑳ 18÷7＝　…　　㉑ 23÷5＝　…

㉒ 46÷6＝　…　　㉓ 37÷7＝　…　　㉔ 3÷9＝　…

㉕ 37÷8＝　…　　㉖ 25÷3＝　…　　㉗ 4÷8＝　…

㉘ 31÷5＝　…　　㉙ 79÷9＝　…　　㉚ 7÷6＝　…

㉛ 47÷9＝　…　　㉜ 49÷8＝　…　　㉝ 89÷9＝　…

㉞ 19÷9＝　…　　㉟ 38÷5＝　…　　㊱ 15÷4＝　…

㊲ 29÷8＝　…　　㊳ 32÷5＝　…　　㊴ 17÷2＝　…

㊵ 39÷5＝　…　　㊶ 7÷4＝　…　　㊷ 43÷8＝　…

㊸ 19÷7＝　…　　㊹ 84÷9＝　…　　㊺ 64÷7＝　…

㊻ 39÷6＝　…　　㊼ 43÷5＝　…　　㊽ 18÷4＝　…

㊾ 78÷9＝　…　　㊿ 65÷7＝　…

くり下がりあり（30問練習）

次の計算をしましょう。（…はあまりを表す）

① 62÷8＝　　…

② 31÷9＝　　…

③ 54÷7＝　　…

④ 50÷8＝　　…

⑤ 16÷9＝　　…

⑥ 60÷7＝　　…

⑦ 53÷9＝　　…

⑧ 11÷6＝　　…

⑨ 70÷8＝　　…

⑩ 61÷7＝　　…

⑪ 35÷9＝　　…

⑫ 31÷4＝　　…

⑬ 15÷8＝　　…

⑭ 20÷9＝　　…

⑮ 32÷7＝　　…

⑯ 11÷7＝　　…

⑰ 31÷8＝　　…

⑱ 14÷9＝　　…

⑲ 30÷7＝　　…

⑳ 54÷8＝　　…

㉑ 43÷9＝　　…

㉒ 55÷7＝　　…

㉓ 52÷9＝　　…

㉔ 20÷3＝　　…

㉕ 24÷9＝　　…

㉖ 13÷8＝　　…

㉗ 21÷6＝　　…

㉘ 62÷9＝　　…

㉙ 31÷7＝　　…

㉚ 71÷9＝　　…

くり下がりあり（30問練習）

次の計算をしましょう。

① $13 \div 7 =$ 　…　　② $21 \div 9 =$ 　…

③ $55 \div 8 =$ 　…　　④ $34 \div 7 =$ 　…

⑤ $70 \div 8 =$ 　…　　⑥ $41 \div 6 =$ 　…

⑦ $42 \div 9 =$ 　…　　⑧ $21 \div 8 =$ 　…

⑨ $13 \div 9 =$ 　…　　⑩ $53 \div 7 =$ 　…

⑪ $51 \div 9 =$ 　…　　⑫ $10 \div 6 =$ 　…

⑬ $23 \div 9 =$ 　…　　⑭ $53 \div 8 =$ 　…

⑮ $10 \div 4 =$ 　…　　⑯ $23 \div 8 =$ 　…

⑰ $51 \div 7 =$ 　…　　⑱ $34 \div 9 =$ 　…

⑲ $30 \div 7 =$ 　…　　⑳ $11 \div 9 =$ 　…

㉑ $62 \div 7 =$ 　…　　㉒ $70 \div 9 =$ 　…

㉓ $13 \div 8 =$ 　…　　㉔ $41 \div 7 =$ 　…

㉕ $30 \div 9 =$ 　…　　㉖ $31 \div 8 =$ 　…

㉗ $51 \div 6 =$ 　…　　㉘ $17 \div 9 =$ 　…

㉙ $22 \div 6 =$ 　…　　㉚ $61 \div 8 =$ 　…

くり下がりあり（30問練習）

次の計算をしましょう。

① 23 ÷ 8 ＝　　…　　　② 50 ÷ 7 ＝　　…

③ 33 ÷ 9 ＝　　…　　　④ 32 ÷ 7 ＝　　…

⑤ 10 ÷ 9 ＝　　…　　　⑥ 40 ÷ 6 ＝　　…

⑦ 62 ÷ 9 ＝　　…　　　⑧ 12 ÷ 8 ＝　　…

⑨ 50 ÷ 6 ＝　　…　　　⑩ 26 ÷ 9 ＝　　…

⑪ 30 ÷ 8 ＝　　…　　　⑫ 31 ÷ 4 ＝　　…

⑬ 16 ÷ 9 ＝　　…　　　⑭ 23 ÷ 6 ＝　　…

⑮ 60 ÷ 8 ＝　　…　　　⑯ 41 ÷ 9 ＝　　…

⑰ 15 ÷ 8 ＝　　…　　　⑱ 60 ÷ 9 ＝　　…

⑲ 11 ÷ 7 ＝　　…　　　⑳ 30 ÷ 4 ＝　　…

㉑ 14 ÷ 9 ＝　　…　　　㉒ 52 ÷ 8 ＝　　…

㉓ 43 ÷ 9 ＝　　…　　　㉔ 60 ÷ 7 ＝　　…

㉕ 25 ÷ 9 ＝　　…　　　㉖ 11 ÷ 8 ＝　　…

㉗ 52 ÷ 6 ＝　　…　　　㉘ 61 ÷ 8 ＝　　…

㉙ 21 ÷ 6 ＝　　…　　　㉚ 32 ÷ 9 ＝　　…

わり算（あまりあり）⑱
くり下がりあり（30問練習）

次の計算をしましょう。

① 51÷8＝　　…　　　　② 34÷9＝　　…

③ 53÷6＝　　…　　　　④ 63÷8＝　　…

⑤ 23÷9＝　　…　　　　⑥ 12÷7＝　　…

⑦ 51÷9＝　　…　　　　⑧ 11÷3＝　　…

⑨ 10÷8＝　　…　　　　⑩ 33÷7＝　　…

⑪ 61÷9＝　　…　　　　⑫ 10÷4＝　　…

⑬ 22÷8＝　　…　　　　⑭ 15÷9＝　　…

⑮ 52÷7＝　　…　　　　⑯ 10÷7＝　　…

⑰ 71÷8＝　　…　　　　⑱ 80÷9＝　　…

⑲ 51÷7＝　　…　　　　⑳ 53÷8＝　　…

㉑ 70÷9＝　　…　　　　㉒ 31÷7＝　　…

㉓ 17÷9＝　　…　　　　㉔ 20÷6＝　　…

㉕ 11÷9＝　　…　　　　㉖ 55÷8＝　　…

㉗ 22÷6＝　　…　　　　㉘ 40÷9＝　　…

㉙ 61÷7＝　　…　　　　㉚ 44÷9＝　　…

月　　日 名前

わり算（あまりあり）⑲
くり下がりあり（40問練習）

🍎 次の計算をしましょう。

① 11 ÷ 8 ＝　…　　② 22 ÷ 9 ＝　…　　③ 61 ÷ 7 ＝　…

④ 10 ÷ 6 ＝　…　　⑤ 41 ÷ 9 ＝　…　　⑥ 12 ÷ 7 ＝　…

⑦ 62 ÷ 9 ＝　…　　⑧ 23 ÷ 8 ＝　…　　⑨ 40 ÷ 7 ＝　…

⑩ 14 ÷ 9 ＝　…　　⑪ 20 ÷ 3 ＝　…　　⑫ 52 ÷ 8 ＝　…

⑬ 33 ÷ 9 ＝　…　　⑭ 31 ÷ 7 ＝　…　　⑮ 60 ÷ 8 ＝　…

⑯ 53 ÷ 6 ＝　…　　⑰ 51 ÷ 9 ＝　…　　⑱ 52 ÷ 7 ＝　…

⑲ 50 ÷ 8 ＝　…　　⑳ 60 ÷ 9 ＝　…　　㉑ 21 ÷ 8 ＝　…

㉒ 10 ÷ 4 ＝　…　　㉓ 12 ÷ 9 ＝　…　　㉔ 20 ÷ 6 ＝　…

㉕ 43 ÷ 9 ＝　…　　㉖ 20 ÷ 7 ＝　…　　㉗ 13 ÷ 8 ＝　…

㉘ 26 ÷ 9 ＝　…　　㉙ 40 ÷ 6 ＝　…　　㉚ 70 ÷ 8 ＝　…

㉛ 16 ÷ 9 ＝　…　　㉜ 55 ÷ 7 ＝　…　　㉝ 71 ÷ 9 ＝　…

㉞ 10 ÷ 3 ＝　…　　㉟ 31 ÷ 9 ＝　…　　㊱ 22 ÷ 6 ＝　…

㊲ 62 ÷ 8 ＝　…　　㊳ 20 ÷ 9 ＝　…　　㊴ 33 ÷ 7 ＝　…

㊵ 31 ÷ 8 ＝　…

月　　日　名前

わり算（あまりあり）⑳
くり下がりあり（40問練習）

次の計算をしましょう。

① 20÷8＝　…

② 32÷9＝　…

③ 62÷7＝　…

④ 21÷6＝　…

⑤ 21÷9＝　…

⑥ 34÷7＝　…

⑦ 42÷9＝　…

⑧ 10÷8＝　…

⑨ 53÷7＝　…

⑩ 13÷9＝　…

⑪ 23÷6＝　…

⑫ 61÷8＝　…

⑬ 31÷4＝　…

⑭ 13÷7＝　…

⑮ 51÷8＝　…

⑯ 11÷3＝　…

⑰ 70÷9＝　…

⑱ 41÷7＝　…

⑲ 71÷8＝　…

⑳ 30÷9＝　…

㉑ 53÷8＝　…

㉒ 11÷6＝　…

㉓ 15÷9＝　…

㉔ 60÷7＝　…

㉕ 53÷9＝　…

㉖ 32÷7＝　…

㉗ 14÷8＝　…

㉘ 23÷9＝　…

㉙ 41÷6＝　…

㉚ 22÷8＝　…

㉛ 34÷9＝　…

㉜ 50÷7＝　…

㉝ 80÷9＝　…

㉞ 11÷4＝　…

㉟ 17÷9＝　…

㊱ 50÷6＝　…

㊲ 12÷8＝　…

㊳ 61÷9＝　…

㊴ 54÷7＝　…

㊵ 55÷8＝　…

わり算（あまりあり）㉑
くり下がりあり（50問練習）

次の計算をしましょう。

① 11 ÷ 8 ＝　…　② 43 ÷ 9 ＝　…　③ 12 ÷ 7 ＝　…

④ 50 ÷ 8 ＝　…　⑤ 41 ÷ 9 ＝　…　⑥ 12 ÷ 8 ＝　…

⑦ 11 ÷ 9 ＝　…　⑧ 23 ÷ 6 ＝　…　⑨ 62 ÷ 9 ＝　…

⑩ 53 ÷ 6 ＝　…　⑪ 60 ÷ 8 ＝　…　⑫ 30 ÷ 9 ＝　…

⑬ 54 ÷ 8 ＝　…　⑭ 31 ÷ 9 ＝　…　⑮ 22 ÷ 6 ＝　…

⑯ 21 ÷ 8 ＝　…　⑰ 32 ÷ 7 ＝　…　⑱ 23 ÷ 8 ＝　…

⑲ 60 ÷ 7 ＝　…　⑳ 13 ÷ 9 ＝　…　㉑ 52 ÷ 6 ＝　…

㉒ 20 ÷ 7 ＝　…　㉓ 50 ÷ 9 ＝　…　㉔ 15 ÷ 8 ＝　…

㉕ 22 ÷ 9 ＝　…　㉖ 13 ÷ 8 ＝　…　㉗ 33 ÷ 9 ＝　…

㉘ 53 ÷ 7 ＝　…　㉙ 14 ÷ 9 ＝　…　㉚ 40 ÷ 7 ＝　…

㉛ 17 ÷ 9 ＝　…　㉜ 62 ÷ 7 ＝　…　㉝ 10 ÷ 9 ＝　…

㉞ 20 ÷ 3 ＝　…　㉟ 10 ÷ 6 ＝　…　㊱ 11 ÷ 7 ＝　…

㊲ 20 ÷ 6 ＝　…　㊳ 62 ÷ 8 ＝　…　㊴ 53 ÷ 9 ＝　…

㊵ 31 ÷ 4 ＝　…　㊶ 61 ÷ 7 ＝　…　㊷ 30 ÷ 4 ＝　…

㊸ 10 ÷ 3 ＝　…　㊹ 35 ÷ 9 ＝　…　㊺ 41 ÷ 7 ＝　…

㊻ 10 ÷ 4 ＝　…　㊼ 34 ÷ 7 ＝　…　㊽ 23 ÷ 9 ＝　…

㊾ 30 ÷ 7 ＝　…　㊿ 71 ÷ 9 ＝　…

月　　日 名前

わり算（あまりあり）㉒
くり下がりあり（50問練習）

次の計算をしましょう。

① 10 ÷ 8 = 　…　　② 52 ÷ 9 = 　…　　③ 63 ÷ 8 = 　…

④ 25 ÷ 9 = 　…　　⑤ 51 ÷ 8 = 　…　　⑥ 70 ÷ 9 = 　…

⑦ 31 ÷ 8 = 　…　　⑧ 80 ÷ 9 = 　…　　⑨ 52 ÷ 8 = 　…

⑩ 34 ÷ 9 = 　…　　⑪ 11 ÷ 3 = 　…　　⑫ 24 ÷ 9 = 　…

⑬ 40 ÷ 6 = 　…　　⑭ 26 ÷ 9 = 　…　　⑮ 53 ÷ 8 = 　…

⑯ 54 ÷ 7 = 　…　　⑰ 71 ÷ 8 = 　…　　⑱ 51 ÷ 9 = 　…

⑲ 22 ÷ 8 = 　…　　⑳ 40 ÷ 9 = 　…　　㉑ 14 ÷ 8 = 　…

㉒ 61 ÷ 9 = 　…　　㉓ 41 ÷ 6 = 　…　　㉔ 15 ÷ 9 = 　…

㉕ 50 ÷ 7 = 　…　　㉖ 42 ÷ 9 = 　…　　㉗ 11 ÷ 6 = 　…

㉘ 10 ÷ 7 = 　…　　㉙ 51 ÷ 6 = 　…　　㉚ 12 ÷ 9 = 　…

㉛ 51 ÷ 7 = 　…　　㉜ 70 ÷ 8 = 　…　　㉝ 16 ÷ 9 = 　…

㉞ 52 ÷ 7 = 　…　　㉟ 21 ÷ 6 = 　…　　㊱ 55 ÷ 7 = 　…

㊲ 30 ÷ 8 = 　…　　㊳ 21 ÷ 9 = 　…　　㊴ 55 ÷ 8 = 　…

㊵ 31 ÷ 7 = 　…　　㊶ 11 ÷ 4 = 　…　　㊷ 60 ÷ 9 = 　…

㊸ 33 ÷ 7 = 　…　　㊹ 32 ÷ 9 = 　…　　㊺ 50 ÷ 6 = 　…

㊻ 20 ÷ 8 = 　…　　㊼ 44 ÷ 9 = 　…　　㊽ 13 ÷ 7 = 　…

㊾ 20 ÷ 9 = 　…　　㊿ 61 ÷ 8 = 　…

月　　日　名前

まとめ ⑪
わり算（あまりあり）

/50点

① □にあてはまる数や式をかきましょう。

（□1つ5点／10点）

15このあめを1人に4こずつ分けると3人に分けられ

て、　①□　こあまります。

これを式で表すと　②□　になります。

② 次の計算をしましょう。

（各5点／30点）

① 8÷3＝

② 17÷4＝

③ 28÷6＝

④ 65÷7＝

⑤ 52÷9＝

⑥ 74÷8＝

③ 16÷（　　）のわり算について、□にあてはまる数をかきましょう。

（各5点／10点）

① あまりが2になるのは（　　）の中の数が□のときです。

② あまりが4になるのは（　　）の中の数が□のときです。

まとめ ⑫
わり算（あまりあり）

/50点

⭐⭐
① 次のわり算にはまちがいがあります。正しく計算しましょう。

(各5点／10点)

① $36 \div 7 = 4$ あまり 8　　② $50 \div 8 = 7$ あまり 6

⭐⭐⭐
② 80 まいの色紙を 9 人で分けます。1 人何まいずつに分けられて、何まいあまりますか。

(式10点、答え10点／20点)

式

答え　1 人　　まいずつで　　まいあまる

⭐⭐⭐
③ 65 ページのドリルを 1 日 7 ページずつします。
何日間で終わりますか。

(式10点、答え10点／20点)

式

答え _____

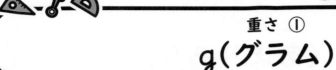

重さ ①
g（グラム）

重さのたんいにグラムがあります。1グラムは1gとかきます。1円玉1このおもさは、1gです。

① g（グラム）のかき方を練習しましょう。

② 何gですか。

① 　（　　　g）

② 　（　　　　）

③ 　（　　　　）

④ 　（　　　　）

③ 次の計算をしましょう。

① 4g＋3g＝　　　　② 8g＋9g＝

③ 35g＋25g＝　　　④ 700g＋100g＝

⑤ 6g－2g＝　　　　⑥ 11g－5g＝

⑦ 40g－20g＝　　　⑧ 800g－300g＝

重さ ②
kg(キログラム)

重さのたんい②…キログラム

1000gを１キログラム といい、１kgとかきます。

人の体重は、kgを使って表します。

$1kg=1000g$

１kg

１キログラム

① kg（キログラム）のかき方を練習しましょう。

kg k k k kg kg kg kg

② 何kgですか。（または、何kg何gですか。）

① （　　　kg）

② （　　　　）

③ （　　　　）

④ （　　　　）

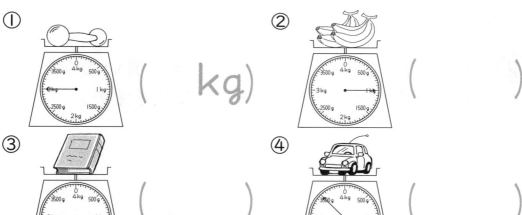

③ 次の計算をしましょう。

① 6kg+3kg=　　　　② 7kg+9kg=

③ 50kg+40kg=　　　④ 300kg+150kg=

⑤ 8kg-5kg=　　　　⑥ 14kg-7kg=

⑦ 70kg-30kg=　　　⑧ 600kg-200kg=

重さ ③
1kg＝1000g

① （　）の中のたんいに直しましょう。

① 1kg（g）　→

② 6kg（g）　→

③ 1000g（kg）　→

④ 7000g（kg）　→

⑤ 2kg300g（g）→

⑥ 4kg245g（g）→

⑦ 3500g（kg、g）→

⑧ 6325g（kg、g）→

② 200gのりんごと、3kgのバナナを買いました。
重さは合わせて、何kg何gになりますか。

式

答え _____

③ はかりにのっている箱には、おもちゃ
が入っています。箱の重さは300gです。
　おもちゃの重さは、何kg何gですか。

式

答え _____

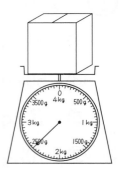

月　日　名前

重さ ④
重さの計算

① 次の計算をしましょう。

 ① 　3 kg 400 g ＋600 g ＝3 kg 1000 g ＝　　kg

 ② 　1 kg －500 g ＝　　　g －500 g ＝　　　g

 ③ 　14 kg ＋5 kg 800 g ＝

 ④ 　20 kg －18 kg 200 g ＝　　kg　　　g －18 kg 200 g

         ＝　　kg　　g

 ⑤ 　15 kg 300 g ＋3 kg 900 g ＝　　kg　　　g

         ＝　　kg　　g

② 　箱入りのみかんを買いました。重さは5 kg 300 g でした。みかんを全部食べて箱の重さをはかったら、500 g でした。みかんだけの重さは何 kg 何 g ですか。

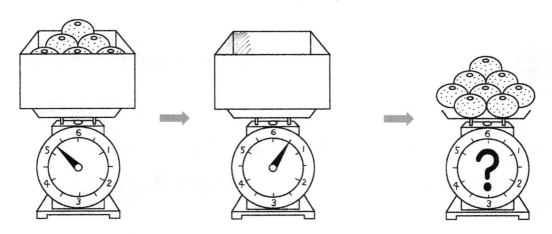

式

答え　　　　　kg　　　　g

重さ ⑤
t （トン）

「トラックスケール　4t〜100t」とかい
た、トラックの重さをはかる所があります。

　そこで、トラックの重さをはかったら、
9tでした。

$$1000\,kg = 1\,t$$
トン（t）も重さのたんいです。

 練習しましょう。

t　t　t　t　t

 （　　）に、重さのたんいやことば・数をかきましょう。

① キリンの**体重**は 1000kg＝1 （　　　） でした。

　　3年1組38人の体重を合わせると、1045 （　　　） に
なりました。（　　　　　　） の方が**軽**いです。

② ある**県**では、ゴミを1人1日1000g＝ （　　kg） 出
すそうです。3人**家族**の家では、1年間にゴミを1
（　　　） よりも多く出すことになります。

重さ ⑥
t（トン）

① □ に数をかきましょう。

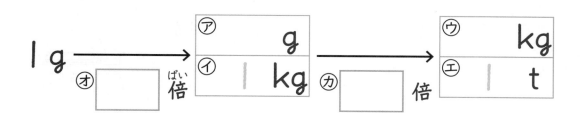

② おこのみやき1こに100gのキャベツを使います。
（　）に数をかきましょう。

① 10人分では、（　　　）kg使います。

② ある店では、1日に10kgのキャベツを使います。

　　10日間では、（　　　）kgのキャベツを使います。

　　100日間では、（　　　）tのキャベツを使います。

③ □ に数をかきましょう。

① 1000g＝ [　　] kg　　　② 1000kg＝ [　　] t

③ 2000kg＝ [　　] t　　　④ 5000kg＝ [　　] t

⑤ [　　] kg＝4t　　　⑥ [　　] kg＝9t

月　　日　名前

まとめ ⑬
重さ

/50点

① 百科事典の重さをはかると、右のようになりました。

（各5点／10点）

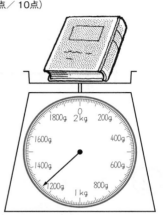

①　このはかりの1目もりは何gですか。

（　　　　　）g

②　重さは

（　　　　　）kg（　　　　　）gです。

② はかりの目もりを読みましょう。

（各5点／15点）

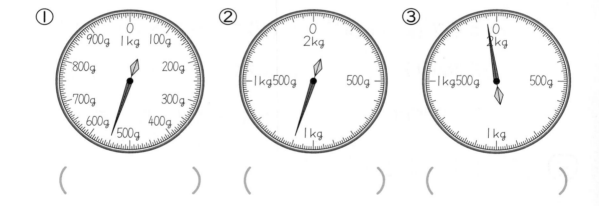

①（　　　　　　　）　②（　　　　　　　）　③（　　　　　　　）

③ （　　）の中のたんいに直しましょう。

（各5点／25点）

①　2kg＝（　　　　　g）　　②　4200g＝（　　kg　　　g）

③　1000kg＝（　　t）　　④　1kg600g＝（　　　　　g）

⑤　8t＝（　　　　kg）

まとめ ⑭
重さ

/50点

① 重さが1kgに近いものはどれですか。 （5点）

① 教室のつくえ
② 1L入りの牛にゅうパック
③ 500円玉1まい

答え _____

② 次の計算をしましょう。 （各5点／35点）

① 200g＋800g＝ ＝ kg

② 500g＋700g＝ ＝ kg g

③ 1kg－400g＝ g－400g＝ g

④ 1kg200g－600g＝ g－600g＝ g

⑤ 3kg200g＋4kg＝

⑥ 5kg200g－3kg＝

⑦ 14kg600g＋6kg400g＝

③ トラックが荷物をつんではかりの上で止まりました。3t300kgでした。
荷物を下ろしてはかると2t800kgでした。
荷物の重さは何kgですか。 （式5点、答え5点／10点）

式

答え _____

大きな数 ①
数のしくみ

① 次の数をかきましょう。

① 二万千八百四十九

万	千	百	十	一

② 八万三千五百十六

万	千	百	十	一

③ 三万二十八

万	千	百	十	一

④ 一万二千五

万	千	百	十	一

⑤ 四万百一

万	千	百	十	一

⑥ 六万四

万	千	百	十	一

② 次の数をかきましょう。

① 10000を7こ、1000を3こ、100を9こ、10を2こ、1を6こ集めた数。

万	千	百	十	一

② 10000を5こ、100を4こ、10を6こ、1を3こ集めた数。

万	千	百	十	一

大きな数 ②
数のしくみ

① 次の数をかきましょう。

① 七千三百四十五万二千三百九十八

千	百	十	一	千	百	十	一
		万					

② 四千百二十万五千九百六十二

千	百	十	一	千	百	十	一
		万					

③ 三千八万二百五

千	百	十	一	千	百	十	一
		万					

④ 九千二万六

千	百	十	一	千	百	十	一
		万					

⑤ 八千二十一万

千	百	十	一	千	百	十	一
		万					

⑥ 六千万三百二十

千	百	十	一	千	百	十	一
		万					

② 次の数をかきましょう。

① 1000万を8こ、100万を
6こ、1000を1こ、100を
2こ集めた数。

千	百	十	一	千	百	十	一
		万					

② 1000万を7こ、10万を5
こ、100を3こ、1を6こ集
めた数。

千	百	十	一	千	百	十	一
		万					

大きな数 ③
10000より大きい数

① 数直線で ↑ のところの数をかきましょう。

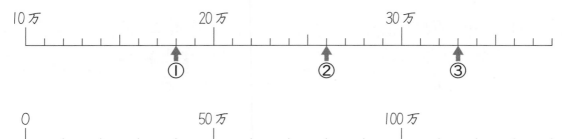

① (　　　　　) ② (　　　　　) ③ (　　　　　)

④ (　　　　　) ⑤ (　　　　　) ⑥ (　　　　　)

② 次の(　　)にあてはまる数をかきましょう。

① 99998－99999－(　　　　　)－100001－(　　　　　)

② 290万－295万－(　　　　　)－305万－(　　　　　)

③ 11000－(　　　　　)－12000－(　　　　　)－(　　　　　)

④ 332万－(　　　　　)－328万－(　　　　　)－(　　　　　)

⑤ 20100－(　　　　　)－19900－19800－(　　　　　)

⑥ 100100－(　　　　　)－100000－99950－(　　　　　)

大きな数 ④
10000より大きい数

① 小さいじゅんに番号をつけましょう。

① （ 29700 、 29500 、 29800 、 29900 ）
　　　□　　　　　□　　　　　□　　　　　□

② （ 30001 、 190000 、 210003 、 99900 ）
　　　□　　　　　□　　　　　□　　　　　□

③ （ 400000 、 94000 、 170000 、 240000 ）
　　　□　　　　　□　　　　　□　　　　　□

② ① ② ③ ④ ⑤ ⑥ ⑦ ⑧ のカードを１まいずつ
使って、４けたの数のたし算やひき算をつくります。

① 答えがいちばん大きくなるたし算の問題をつくりましょう。

$$8642$$
$$+7$$

② 答えがいちばん小さくなるひき算の問題をつくりましょう。

$$5123$$
$$-4$$

大きな数 ⑤
10倍・100倍・1000倍した数

① 次の数を10倍にしましょう。

① 4　（　　　　　）　② 29　（　　　　　）

③ 365　（　　　　　）　④ 708　（　　　　　）

⑤ 400　（　　　　　）　⑥ 8206　（　　　　　）

⑦ 5400　（　　　　　）　⑧ 72496（　　　　　）

② 次の数を100倍にしましょう。

① 4　（　　　　　）　② 29　（　　　　　）

③ 365　（　　　　　）　④ 708　（　　　　　）

⑤ 400　（　　　　　）　⑥ 8206　（　　　　　）

⑦ 5400　（　　　　　）　⑧ 72496（　　　　　）

③ 次の数を1000倍にしましょう。

① 4　（　　　　　）　② 29　（　　　　　）

③ 365　（　　　　　）　④ 708　（　　　　　）

⑤ 400　（　　　　　）　⑥ 8206　（　　　　　）

大きな数 ⑥
10や100や1000でわった数

① 次の数を10でわった数にしましょう。

① 80　　（　　　　　）　② 360　　（　　　　　）

③ 400　　（　　　　　）　④ 7250　（　　　　　）

⑤ 8300　（　　　　　）　⑥ 5000　（　　　　　）

⑦ 62890（　　　　　）　⑧ 735040（　　　　）

② 次の数を100でわった数にしましょう。

① 200　　（　　　　　）　② 6300　　（　　　　　）

③ 8000　（　　　　　）　④ 56300　（　　　　　）

⑤ 90000（　　　　　）　⑥ 8638500（　　　　）

⑦ 400万　（　　　　　）　⑧ 9100万　（　　　　）

③ 次の数を1000でわった数にしましょう。

① 2000　（　　　　　）　② 63000（　　　　　）

③ 80000（　　　　　）　④ 90000（　　　　　）

⑤ 73000（　　　　　）　⑥ 48000（　　　　　）

大きな数 ⑦
かけ算・わり算・大小

① 次の □ にあてはまる数をかきましょう。

① 50× □ = 150 ⟶ 150÷ 50= □

② 500× □ =1500 ⟶ 1500÷500= □

③ 80× □ = 720 ⟶ 720÷ 80= □

④ 800× □ =7200 ⟶ 7200÷800= □

② かんたんなわり算に直してから計算しましょう。

① 60 ÷ 20 =
　（6÷2）

② 300 ÷ 50 =
　（30 ÷5）

③ 420 ÷ 60 =
　（42 ÷6）

④ 100 ÷ 50 =
　（10 ÷5）

③ 次の □ に記号（＝、＜、＞）を入れましょう。

① 100 □ 200

② 3000 □ 2500

③ 500 □ 499

④ 7000 □ 60000

⑤ 100000 □ 99999

⑥ 200+300 □ 500

大きな数 ⑧
億

一千万を10こ集めた数は一億になります。
これは一千万を10倍した数と同じです。

千	百	十	一	千	百	十	一	千	百	十	一
		億				万					
			1	0	0	0	0	0	0	0	0

🍎　□にあてはまる数をかきましょう。

① 1000を10こ集めた数は　　　　　です。

② 1億は1万を　　　　　こ集めた数です。

③ 1億は9000万と　　　　　を合わせた数です。

④ 1億は9900万と　　　　　を合わせた数です。

⑤ 1億は9990万と　　　　　を合わせた数です。

⑥ 99999999に1をたすと　　　　　です。

⑦ 1000万を10こ集めると　　　　　です。

まとめテスト

月　日　名前

まとめ ⑮
大きな数

／50
点

① 次の（　）にあてはまる数をかきましょう。　　(各5点／25点)

① 二万八千九百二十三を数字でかくと

（　　　　　　　　　）

② 三十万六千を数字でかくと

（　　　　　　　　　）

③ 千万を3こ、百万を1こ、千を6こ合わせた数

（　　　　　　　　　）

④ 82000は一万を（　　　　　）こと、千を（　　　　　）こ
合わせた数

⑤ 10000を604こ集めた数は　　　　　　（　　　　　　　　　）

② ㋐～㋒の数をかきましょう。　　(各5点／15点)

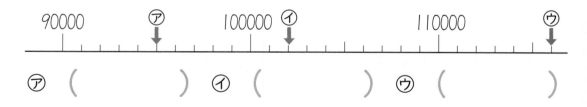

㋐（　　　　　　　） ㋑（　　　　　　　） ㋒（　　　　　　　）

③ 2つの数の大小をくらべ、＜、＞をかきましょう。

(各5点／10点)

① 64990 ☐ 65010

② 354000 ☐ 305400

月　　日　名前

まとめ ⑯
大きな数

/50点

① 70を10倍、100倍、1000倍した数をかきましょう。 (各2点／6点)

　　　　10倍　　　　　　　　　100倍　　　　　　　　　1000倍

　（　　　　　　　）（　　　　　　　　）（　　　　　　　　）

② 64000を10、100、1000でわった数をかきましょう。(各2点／6点)

　　　　÷10　　　　　　　　　÷100　　　　　　　　　÷1000

　（　　　　　　　）（　　　　　　　　）（　　　　　　　　）

③ 8400を10倍、100倍、10、100でわった数をかきましょう。

(各2点／8点)

　　10倍　　　　　　100倍　　　　　　÷10　　　　　　÷100

（　　　　　）（　　　　　　）（　　　　　）（　　　　　）

④ （　　）にあてはまる数をかきましょう。 (各5点／15点)

① 　1万を（　　　　　　　）こ集めた数は1億です。

② 　9999990に10をたすと（　　　　　　）です。

③ 　1000万を（　　　　　　）こ集めた数は１億です。

⑤ 42+37=79 を使って、次の計算をしましょう。 (各5点／15点)

① 　42000+37000＝

② 　42万+37万＝

③ 　4200万+3700万＝

かけ算 ①
文章題

① 1こ32円のあめを3こ買いました。全部で何円になりますか。

式

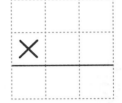

答え _____

② ビー玉を48こ入れられるふくろが、6ふくろあります。ビー玉は全部で何こまで入れられますか。

式

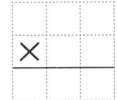

答え _____

③ 色紙のたばが、8たばあります。1たばの色紙の数は、それぞれ27まいです。色紙は、全部で何まいありますか。

式

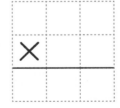

答え _____

④ 遠足では、45人乗りのバスを9台使うことにしました。遠足のバスは、何人まで乗ることができますか。

式

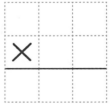

答え _____

月　　日 名前

かけ算 ②
文章題

① 42cmのひも2本をテープでつなぎました。つないだひもの長さは、何cmになりますか。

式

答え _____

② えんぴつ1ダースは、12本です。8ダースでは、えんぴつは何本になりますか。

式

答え _____

③ 3年生が6列にならんでいます。それぞれの列は、ちょうど37人ずつならんでいます。3年生全員で、何人になりますか。

式

答え _____

④ 1年間は、だいたい52週間です。そのうち、40週間は学校に通います。1週間に5日通うとすると、1年間では、何日通いますか。

式

答え _____

111

かけ算 ③
2けた×1けた

 次の計算をしましょう。

①
```
    2 1
  ×   4
```

②
```
    3 2
  ×   3
```

③
```
    1 1
  ×   8
```

④
```
    4 0
  ×   2
```

⑤
```
    4 3
  ×   2
```

⑥
```
    2 1
  ×   3
```

⑦
```
    3 0
  ×   3
```

⑧
```
    1 1
  ×   5
```

⑨
```
    5 3
  ×   3
```

⑩
```
    4 1
  ×   5
```

⑪
```
    5 1
  ×   7
```

⑫
```
    9 1
  ×   5
```

⑬
```
    8 2
  ×   3
```

⑭
```
    9 0
  ×   9
```

⑮
```
    2 3
  ×   4
```

⑯
```
    3 7
  ×   2
```

⑰
```
    2 4
  ×   3
```

⑱
```
    4 8
  ×   2
```

⑲
```
    1 4
  ×   6
```

⑳
```
    2 8
  ×   3
```

かけ算 ④
2けた×1けた

 次の計算をしましょう。

①
```
    1 4
×     9
```

②
```
    3 8
×     3
```

③
```
    2 9
×     4
```

④
```
    3 6
×     5
```

⑤
```
    4 8
×     4
```

⑥
```
    2 8
×     4
```

⑦
```
    3 9
×     3
```

⑧
```
    1 5
×     7
```

⑨
```
    1 3
×     8
```

⑩
```
    3 6
×     3
```

⑪
```
    2 6
×     8
```

⑫
```
    2 8
×     8
```

⑬
```
    8 9
×     9
```

⑭
```
    2 9
×     7
```

⑮
```
    7 8
×     7
```

⑯
```
    2 7
×     9
```

⑰
```
    6 4
×     8
```

⑱
```
    8 5
×     6
```

⑲
```
    5 8
×     9
```

⑳
```
    3 4
×     6
```

月　　日　名前

かけ算 ⑤
3けた×1けた

 次の計算をしましょう。

①
```
  3 1 2
×     2
```

②
```
  2 3 0
×     2
```

③
```
  4 1 0
×     2
```

④
```
  4 3 9
×     2
```

⑤
```
  6 4 3
×     2
```

⑥
```
  1 3 1
×     7
```

⑦
```
  4 9 3
×     2
```

⑧
```
  8 1 2
×     4
```

⑨
```
  3 4 2
×     4
```

⑩
```
  8 0 0
×     5
```

⑪
```
  2 8 9
×     3
```

⑫
```
  9 1 1
×     6
```

⑬
```
  9 5 8
×     4
```

⑭
```
  4 0 1
×     7
```

⑮
```
  8 1 2
×     4
```

かけ算 ⑥
3けた×1けた

 次の計算をしましょう。

①
```
    3 8 9
×       3
```

②
```
    4 7 0
×       7
```

③
```
    6 9 1
×       6
```

④
```
    5 9 2
×       9
```

⑤
```
    5 5 6
×       9
```

⑥
```
    9 5 8
×       7
```

⑦
```
    9 7 5
×       8
```

⑧
```
    4 3 9
×       9
```

⑨
```
    6 7 8
×       4
```

⑩
```
    6 7 8
×       8
```

⑪
```
    2 7 5
×       8
```

⑫
```
    2 5 8
×       9
```

⑬
```
    4 8 7
×       6
```

⑭
```
    5 8 4
×       7
```

⑮
```
    8 2 4
×       9
```

かけ算 ⑦
４けた×１けた

次の計算をしましょう。

①
```
    7 6 9 8
×         4
```

②
```
    3 5 9 8
×         8
```

③
```
    2 9 1 7
×         5
```

④
```
    4 3 6 9
×         2
```

⑤
```
    3 1 5 1
×         4
```

⑥
```
    6 0 7 8
×         9
```

⑦
```
    2 5 8 5
×         8
```

⑧
```
    9 3 1 2
×         3
```

⑨
```
    6 2 7 2
×         6
```

⑩
```
    4 8 2 6
×         7
```

かけ算 ⑧
4けた×1けた

 次の計算をしましょう。

①
```
  7 4 4 3
×       7
```

②
```
  8 1 7 7
×       2
```

③
```
  9 6 7 3
×       5
```

④
```
  9 0 4 2
×       8
```

⑤
```
  4 2 6 0
×       9
```

⑥
```
  5 2 4 1
×       6
```

⑦
```
  2 0 5 6
×       8
```

⑧
```
  9 0 3 8
×       4
```

⑨
```
  6 5 1 2
×       7
```

⑩
```
  3 4 5 8
×       6
```

まとめ ⑰
かけ算（×１けた）

/50点

① 76×4 の筆算のしかたについて、□ にあてはまる数をかきましょう。

(各5点／10点)

① 一のくらいから計算して、四六24、一のくらいに □ をかいて、2を くり上げる。

```
    7 6
 ×    4
 3 0²4
```

② 十のくらいを計算して、四七28、くり上げた2とで □ 。

② 次の計算をしましょう。

(各5点／40点)

①
```
   2 3
 ×   3
```

②
```
   1 2
 ×   4
```

③
```
   3 0
 ×   3
```

④
```
   1 4
 ×   5
```

⑤
```
   3 4
 ×   7
```

⑥
```
   5 8
 ×   6
```

⑦
```
   1 9
 ×   8
```

⑧
```
   6 5
 ×   7
```

まとめ ⑱
かけ算（×１けた）

/50点

① 675×7 の筆算のしかたについて、□ にあてはまる数をかきましょう。

(各10点／20点)

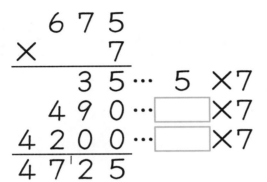

$$
\begin{array}{r}
675 \\
\times\ 7 \\
\hline
35 \cdots\ 5\times 7 \\
490 \cdots\ \boxed{}\times 7 \\
4200 \cdots\ \boxed{}\times 7 \\
\hline
47^{1}25
\end{array}
\quad\Rightarrow\quad
\begin{array}{r}
675 \\
\times\ 7 \\
\hline
47^{5}2^{3}5
\end{array}
$$

② 次の計算をしましょう。

(各5点／20点)

①
$$
\begin{array}{r}
121 \\
\times\ 7 \\
\hline
\end{array}
$$

②
$$
\begin{array}{r}
584 \\
\times\ 7 \\
\hline
\end{array}
$$

③
$$
\begin{array}{r}
789 \\
\times\ 3 \\
\hline
\end{array}
$$

④
$$
\begin{array}{r}
2915 \\
\times\ 4 \\
\hline
\end{array}
$$

③ １本 188 円の牛にゅうを６本買うと代金はいくらですか。

(式5点、答え5点／10点)

式

答え

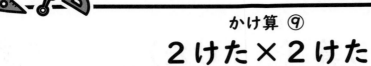

かけ算 ⑨

2けた×2けた

 次の計算をしましょう。

①
```
    3 3
  × 1 2
```

②
```
    2 1
  × 1 4
```

③
```
    1 2
  × 3 1
```

④
```
    3 2
  × 2 3
```

⑤
```
    3 1
  × 2 2
```

⑥
```
    6 0
  × 7 2
```

⑦
```
    7 2
  × 2 3
```

⑧
```
    2 4
  × 6 2
```

⑨
```
    4 3
  × 4 1
```

月　　日 名前

かけ算 ⑩
2けた×2けた

🍎 次の計算をしましょう。

①
```
    3 6
  × 4 2
```

②
```
    2 4
  × 6 3
```

③
```
    1 8
  × 8 4
```

④
```
    9 3
  × 4 5
```

⑤
```
    8 2
  × 6 8
```

⑥
```
    6 9
  × 7 3
```

⑦
```
    8 0
  × 7 5
```

⑧
```
    6 0
  × 8 4
```

⑨
```
    4 0
  × 7 9
```

かけ算 ⑪
2けた×2けた

 次の計算をしましょう。

①
```
    5 6
  × 7 5
```

②
```
    9 4
  × 2 3
```

③
```
    6 5
  × 9 6
```

④
```
    9 8
  × 2 5
```

⑤
```
    8 5
  × 7 8
```

⑥
```
    3 7
  × 8 4
```

⑦
```
    6 5
  × 9 7
```

⑧
```
    6 2
  × 3 4
```

⑨
```
    9 6
  × 2 9
```

かけ算 ⑫

２けた×２けた

 次の計算をしましょう。

①
```
     4 9
  ×  3 9
```

②
```
     4 8
  ×  9 7
```

③
```
     2 7
  ×  8 9
```

④
```
     5 6
  ×  7 9
```

⑤
```
     3 6
  ×  4 8
```

⑥
```
     6 3
  ×  2 4
```

⑦
```
     4 7
  ×  5 0
```

⑧
```
     9 9
  ×  9 0
```

⑨
```
     2 8
  ×  6 0
```

かけ算 ⑬

３けた×２けた

 次の計算をしましょう。

①
```
    5 3 0
×   7 3
```

②
```
    3 2 1
×   5 7
```

③
```
    5 6 6
×   2 8
```

④
```
    4 7 6
×   4 2
```

⑤
```
    6 7 2
×   3 6
```

⑥
```
    4 5 3
×   7 8
```

月　　日　名前

かけ算 ⑭
３けた×２けた

 次の計算をしましょう。

①
```
    4 3 8
×     6 3
```

②
```
    7 5 3
×     2 5
```

③
```
    6 1 3
×     5 9
```

④
```
    6 0 4
×     3 4
```

⑤
```
    7 0 3
×     2 5
```

⑥
```
    4 0 8
×     6 3
```

かけ算 ⑮

3けた×2けた

 次の計算をしましょう。

①

```
    4 3 1
  ×   4 7
```

②

```
    6 4 9
  ×   3 4
```

③

```
    4 5 6
  ×   8 9
```

④

```
    8 2 3
  ×   4 5
```

⑤

```
    7 4 6
  ×   5 7
```

⑥

```
    4 7 1
  ×   7 5
```

かけ算 ⑯
３けた×２けた

 次の計算をしましょう。

①
```
   2 1 3
 ×   7 0
```

②
```
   7 6 8
 ×   4 0
```

③
```
   6 3 7
 ×   3 0
```

④
```
   4 0 0
 ×   4 9
```

⑤
```
   7 0 0
 ×   4 8
```

⑥
```
   7 0 0
 ×   5 0
```

かけ算 ⑰
４けた×２けた

 次の計算をしましょう。

①
```
    4 1 0 5
  ×   4 2
```

②
```
    2 5 3 8
  ×     8 6
```

③
```
    7 8 6 2
  ×     6 3
```

④
```
    4 9 1 6
  ×     7 5
```

⑤
```
    3 7 4 2
  ×     3 7
```

⑥
```
    3 1 4 1
  ×     7 8
```

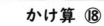

かけ算 ⑱

４けた×２けた

次の計算をしましょう。

①
```
    8 2 5 3
  ×   1 5
```

②
```
    9 1 3 4
  ×   2 6
```

③
```
    5 8 1 6
  ×   7 5
```

④
```
    3 9 2 7
  ×   5 8
```

⑤
```
    8 7 3 0
  ×   6 3
```

⑥
```
    5 9 7 5
  ×   4 2
```

まとめ ⑲
かけ算（×2けた）

/50 点

① 24×63 の筆算について □ にあてはまる数をかきましょう。　　　（各5点／10点）

```
      2 4
    × 6 3
  ─────────
      7'2   …24×□
  1 4²4 0   …24×□
  ─────────
  1 5 1 2
```

② 次の計算をしましょう。　　　（各5点／40点）

①
```
    3 2
  × 3 4
```

②
```
    4 8
  × 8 3
```

③
```
    7 0
  × 4 2
```

④
```
    4 8
  × 8 8
```

⑤
```
    6 3
  × 2 3
```

⑥
```
    5 0
  × 2 8
```

⑦
```
    9 3
  × 5 8
```

⑧
```
    6 0
  × 7 9
```

まとめテスト

まとめ ⑳
かけ算（×2けた）

/50点

① 438×24 の筆算について□にあてはまる数をかきましょう。

（各5点／10点）

```
      4 8 2
  ×    2 4
  1 9³2 8  …482×□
  9¹6 4 0  …482×□
  1 1 5 6 8
```

② 次の計算をしましょう。

（各5点／20点）

①
```
    4 5 0
  ×  8 7
```

②
```
    7 0 6
  ×  2 6
```

③
```
    8 2 0
  ×  6 4
```

④
```
  1 3 4 8
  ×    2 7
```

③ □にあてはまる数をかきましょう。

（□1つ5点／20点）

```
    3 □ 4 1
  ×      8 7
    2 1 9 8 □
  2 □ 1 2 8
  2 7 3 □ 6 7
```

表とグラフ ①
グラフをかく

① 表の合計を、それぞれかきましょう。

すきな食べもの調べ（3年生）(人)

もの ＼ 組	1組	2組	3組	合計
おすし	4	4	5	
やき肉	6	5	6	
カレー	10	11	12	
ラーメン	9	9	7	
その他	3	3	2	
合　計				

② 3年1組と3年2組の表を、多いじゅんにぼうグラフに表しましょう。（表題もかきましょう。）

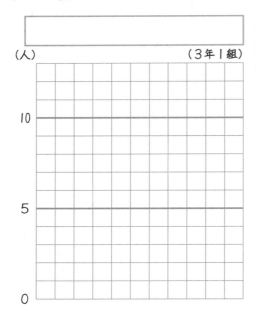

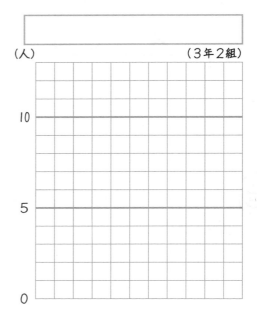

表とグラフ ②
グラフをかく

① 左のぼうグラフを、人数の多いじゅんにならびかえましょう。

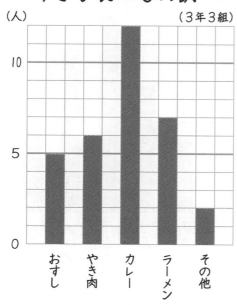

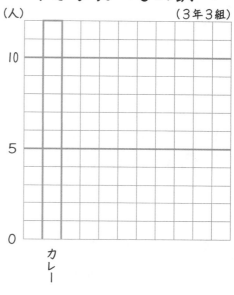

② 左の表をぼうグラフに表しましょう。

すきなおもちゃ調べ
（3年1組）

おもちゃ	人数（人）
ゲ ー ム	12
ラジコン	7
自 転 車	6
カ メ ラ	5
そ の 他	2
合　　計	32

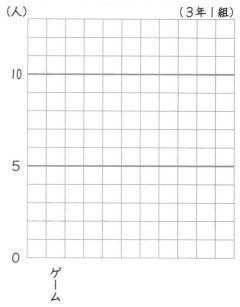

表とグラフ ③
グラフを読む

右のぼうグラフを見て、次の問いに答えましょう。

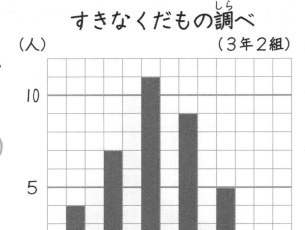

すきなくだもの調べ
（3年2組）
（人）

① このぼうグラフの表題は何ですか。

（　　　　　　　）

② たてじくの目もりは、何を表していますか。

（　　　　　　　）

③ 3年2組では、メロンがすきな人は何人いますか。

（　　　　　　　）

④ 3年2組で、すきな人がもっとも多いくだものは、何で何人ですか。
（　　　　　，　　　　　）

⑤ りんごのすきな人と、いちごのすきな人とでは、どちらが何人多いですか。

式

答え _____

⑥ 3年2組は全員で何人ですか。

式

答え _____

表とグラフ ④
グラフを読む

みさきさんたちは、6月に病気やけがでほけん室に来た人の数を学年べつに調べて、表とグラフに表しました。

ほけん室に来た人
（6月）

学年	人数（人）
1年	24
2年	20
3年	16
4年	28
5年	12
6年	18
合計	118

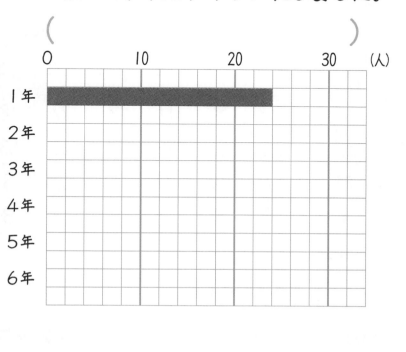

① 上のぼうグラフの1目もりは何人を表していますか。

（　　　　　　）

② ぼうグラフをかんせいさせましょう。

学年などのように、じゅん番のあるものは、じゅん番の通りにグラフに表すことがあります。

しりょうの整理

　表は、しょうさんの学校全体で調べた、図書室の本の
かし出しさっ数です。

かし出した本の数

しゅるい ＼ 学年	1年	2年	3年	4年	5年	6年	合計 (さつ)
で ん 記	8	11	3	22	18	12	
物 語	31	25	41	66	53	24	
図 か ん	19	33	28	2	3	5	
そ の 他	5	2	5	14	3	18	
合計 (さつ)							

①　合計を調べましょう。

②　上の表をしゅるいごとにぼうグラフに表した表題は
　　何ですか。　　（　　　　　　　　　　　　　　　　）

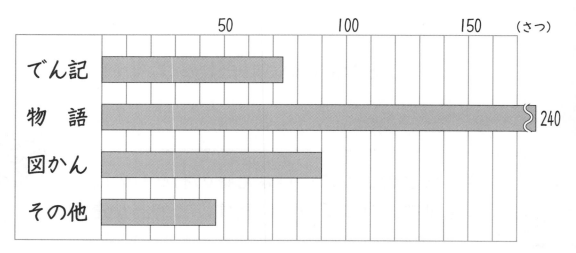

☆ぼうが長すぎる場合には〰をつけてしょうりゃくします。

表とグラフ ⑥
しりょうの整理

次の曲は、「ちょうちょう」です。何の音が何回使われていますか。表にまとめましょう。（全部で57あります。）

ソ ミ ミ　ファ レ レ　ド レ ミ ファ　ソ ソ ソ

ソ ミ ミ ミ　ファ レ レ レ　ド ミ ソ ソ　ミ　ミ　ミ

レ レ レ レ　レ ミ ファ　ミ ミ ミ ミ　ミ ファ ソ

ソ ミ ミ ミ　ファ レ レ レ　ド ミ ソ ソ　ミ　ミ　ミ

ド	レ	ミ	ファ	ソ

ぼうグラフにまとめましょう。

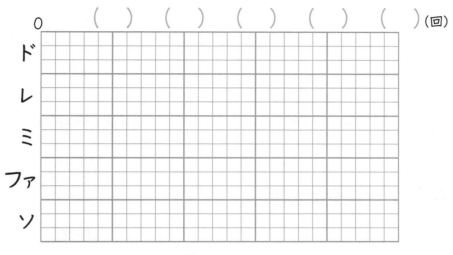

まとめ ㉑ 表とグラフ

/50点

ゆいとさんのクラス全員がすきなきゅう食のメニューを１人１つずつカードにかきました。

カレーライス	うどん	うどん	スパゲッティ	あげパン	ピラフ
スパゲッティ	あげパン	カレーライス	ピラフ	スパゲッティ	あげパン
ピラフ	スパゲッティ	ピラフ	カレーライス	ピラフ	スパゲッティ
うどん	カレーライス	スパゲッティ	あげパン	カレーライス	うどん
スパゲッティ	ピラフ	あげパン	スパゲッティ	ピラフ	カレーライス

① 表にすきなメニューの人数を、正の字をかいて整理しましょう。 (20点)

メニュー	正の字	数
カレーライス		
スパゲッティ		
ピラフ		
あげパン		
うどん		

すきなメニュー

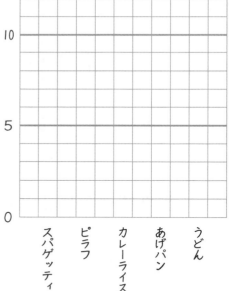

② ぼうグラフをかきましょう。 (10点)

③ いちばん人気のあるメニューは何ですか。 (10点)

答え _____

④ クラス全員は何人ですか。 (10点)

答え _____

まとめ ㉒
表とグラフ

/50 点

🍎 1人1さつ図書館から本をかりました。

しゅるい	人数
物語	8
科学	7
れきし	6
図かん	11
その他	9
合計	

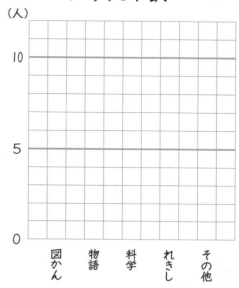

かりた本調べ

① 表をもとに、ぼうグラフをかきましょう。 (10点)

② 1目もりは何人ですか。 (10点)

答え _____

③ 合計何人が本をかりましたか。 (10点)

答え _____

④ いちばん多くかりられたのは、どのしゅるいの本ですか。 (10点)

答え _____

⑤ 図かんと物語をかりた人の人数のちがいは何人ですか。
(式5点、答え5点／10点)

式

答え _____

小数 ①
表し方（かさ・長さ）

① かさを小数で表しましょう。

① 1Lます 　（　　　　L）

② 1Lます 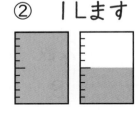　（　　　　L）

③ 1Lます 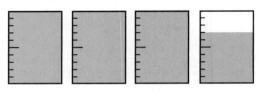　　　（　　　　L）

② 色をぬった長さは何cmですか。小数を使って答えましょう。

①
②

（ルーラー目盛り）1　2　3　4　5　6　7　8　9　10　11　12

①（　　　　）　②（　　　　）

③ 次のかさだけ色をぬりましょう。

① 0.7L　

　1Lます

② 2.6L　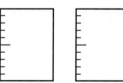

　1Lます

小数 ②
数直線

① 数直線の ↑ がさしている数をかきましょう。

① (　　　)　② (　　　)　③ (　　　)

④ (　　　)　⑤ (　　　)　⑥ (　　　)

⑦ (　　　)　⑧ (　　　)　⑨ (　　　) ⑩ (　　　)

② 次の数を数直線に ↑ で表しましょう。

① 0.1　② 0.6　③ 1.7　④ 2.1

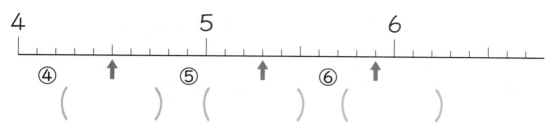

(れい) ↑
①

⑤ 9.4　⑥ 10.1　⑦ 10.9　⑧ 11.3

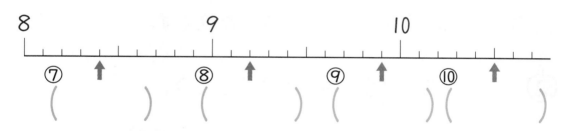

小数 ③
数のしくみ

① □にあてはまる数をかきましょう。

① 0.3は、0.1を □ こ集めた数です。

② 0.6は、0.1を □ こ集めた数です。

③ 0.8は、0.1を □ こ集めた数です。

④ 0.9は、0.1を □ こ集めた数です。

⑤ 0.7は、0.1を □ こ集めた数です。

② □にあてはまる数をかきましょう。

① 1.3は、1と □ を合わせた数です。

② 1.5は、1と □ を合わせた数です。

③ 1.8は、1と □ を合わせた数です。

④ 2.2は、2と □ を合わせた数です。

⑤ 3.1は、3と □ を合わせた数です。

小数 ④
数のしくみ

① □ にあてはまる数をかきましょう。

① 1.5は、1と0.1を □ こ合わせた数です。

② 1.7は、1と0.1を □ こ合わせた数です。

③ 1.9は、1と0.1を □ こ合わせた数です。

④ 2.4は、2と0.1を □ こ合わせた数です。

⑤ 3.2は、3と0.1を □ こ合わせた数です。

② □ にあてはまる数をかきましょう。

① 1.4は、0.1を □ こ集めた数です。

② 1.2は、0.1を □ こ集めた数です。

③ 2.3は、0.1を □ こ集めた数です。

④ 2.9は、0.1を □ こ集めた数です。

⑤ 3.0は、0.1を □ こ集めた数です。

小数 ⑤
たし算

① 次の計算をしましょう。

① 0.2＋0.3＝　　　　② 0.1＋0.8＝

③ 0.5＋0.4＝　　　　④ 0.3＋0.5＝

⑤ 0.7＋0.2＝　　　　⑥ 0.4＋0.1＝

⑦ 0.6＋0.2＝　　　　⑧ 0.8＋0.1＝

⑨ 0.4＋0.4＝　　　　⑩ 0.2＋0.6＝

② 次の計算をしましょう。

① 0.1＋1.2＝　　　　② 0.3＋1.6＝

③ 0.5＋1.2＝　　　　④ 0.7＋2.1＝

⑤ 0.1＋2.6＝　　　　⑥ 0.3＋3.3＝

⑦ 0.6＋4.3＝　　　　⑧ 0.1＋4.1＝

⑨ 1.2＋0.2＝　　　　⑩ 2.3＋0.4＝

⑪ 1.4＋0.2＝　　　　⑫ 2.5＋0.1＝

⑬ 3.2＋0.4＝　　　　⑭ 4.1＋0.7＝

⑮ 4.4＋0.5＝　　　　⑯ 3.5＋0.3＝

小数 ⑥
たし算

① 次の計算をしましょう。

①　0.5+0.6＝　　　　　②　0.7+0.5＝

③　0.4+0.8＝　　　　　④　0.9+0.6＝

⑤　0.3+0.8＝　　　　　⑥　0.9+0.4＝

⑦　0.6+0.4＝　　　　　⑧　0.9+0.1＝

⑨　0.4+0.6＝　　　　　⑩　0.2+0.8＝

⑪　0.7+0.3＝　　　　　⑫　0.5+0.5＝

② 次の計算をしましょう。

①　1.3+2.2＝　　　　　②　1.4+1.3＝

③　2.6+1.1＝　　　　　④　3.2+2.5＝

⑤　2.1+2.3＝　　　　　⑥　4.2+1.7＝

⑦　2.3+2.1＝　　　　　⑧　2.2+1.8＝

⑨　1.6+1.4＝　　　　　⑩　2.7+2.3＝

⑪　1.8+2＝　　　　　　⑫　3.5+1＝

⑬　1.9+1＝　　　　　　⑭　2.7+1＝

小数 ⑦

ひき算

① 次の計算をしましょう。

① $0.9-0.5=$　　② $0.7-0.2=$

③ $0.5-0.4=$　　④ $0.2-0.1=$

⑤ $0.8-0.3=$　　⑥ $0.9-0.7=$

⑦ $0.8-0.6=$　　⑧ $0.6-0.1=$

⑨ $0.4-0.3=$　　⑩ $0.3-0.1=$

② 次の計算をしましょう。

① $1.7-0.6=$　　② $1.5-0.3=$

③ $1.6-0.4=$　　④ $1.3-0.3=$

⑤ $1.2-0.1=$　　⑥ $2.7-1.4=$

⑦ $2.9-1.3=$　　⑧ $2.5-0.5=$

⑨ $2.4-1.2=$　　⑩ $2.6-1.3=$

⑪ $3.8-1.5=$　　⑫ $3.9-1.1=$

⑬ $2.6-1.6=$　　⑭ $3.5-2.5=$

⑮ $4.2-3.2=$　　⑯ $4.8-2.8=$

小数 ⑧
ひき算

① 次の計算をしましょう。

① $1-0.3=$ ② $1-0.5=$

③ $1-0.2=$ ④ $1-0.4=$

⑤ $1-0.7=$ ⑥ $1-0.8=$

⑦ $1-0.1=$ ⑧ $1-0.6=$

⑨ $1-0.9=$ ⑩ $2-0.3=$

⑪ $2-0.5=$ ⑫ $3-0.6=$

② 次の計算をしましょう。

① $1.3-0.7=$ ② $1.4-0.9=$

③ $1.2-0.8=$ ④ $1.5-0.6=$

⑤ $1.7-0.8=$ ⑥ $1.3-0.5=$

⑦ $1.1-0.3=$ ⑧ $2.2-0.2=$

⑨ $2.1-0.1=$ ⑩ $2.4-0.4=$

⑪ $3.6-3=$ ⑫ $3.8-3=$

⑬ $4.2-2=$ ⑭ $4.5-2=$

月　　日　名前

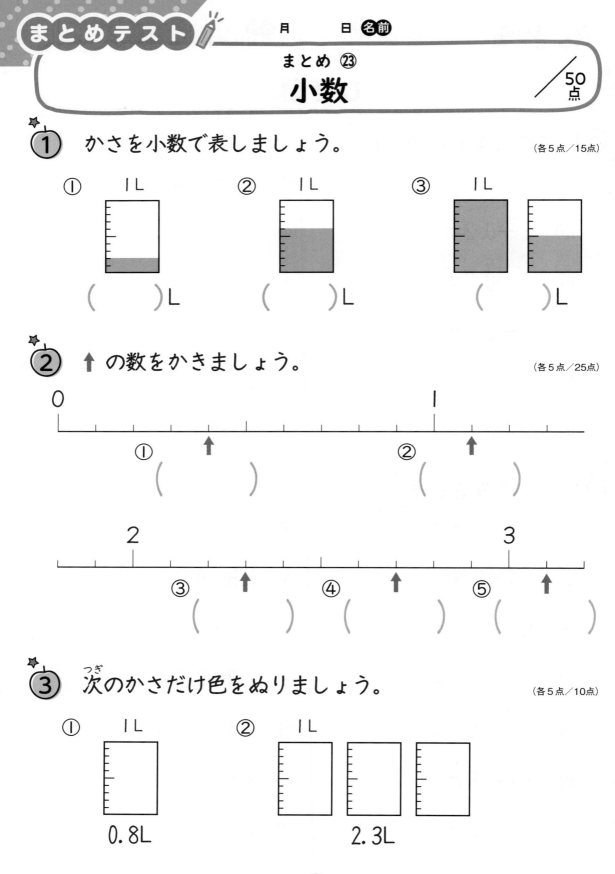

① かさを小数で表しましょう。　　　　　　（各5点／15点）

① 1L

（　　　）L

② 1L

（　　　）L

③ 1L

（　　　）L

② ↑ の数をかきましょう。　　　　　　（各5点／25点）

0　　　　　　　　　　　　　　　1

①（　　　　）　　　②（　　　　）

2　　　　　　　　　　　　　　　3

③（　　　）　④（　　　）　⑤（　　　）

③ 次のかさだけ色をぬりましょう。　　　　（各5点／10点）

① 1L

0.8L

② 1L

2.3L

まとめ ㉔ 小数

/50点

① □にあてはまる数をかきましょう。 （各4点／16点）

① 0.8は、0.1を□こ集めた数です。

② 1.6は、1と□を合わせた数です。

③ 2.0は、0.1を□こ集めた数です。

④ 3.1は、3と0.1を□こ合わせた数です。

② 次の計算をしましょう。 （各4点／24点）

① 0.8＋0.2＝

② 0.7＋1.2＝

③ 2.4＋0.7＝

④ 1.7－0.5＝

⑤ 2－0.3＝

⑥ 1.1－0.3＝

③ 水が、大きいバケツに8.6L、小さいバケツに4.7L入っています。合わせて何Lですか。また、ちがいは何Lですか。 （合わせて5点、ちがい5点／10点）

式

答え　合わせて

答え　ちがい

分数 ①
分数とは

はしたの表し方
ペットボトルのジュースを１Lますに入れました。

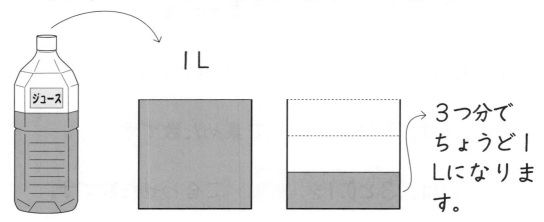

１L

→ ３つ分で
ちょうど１
Lになりま
す。

　この、はしたのかさを $\dfrac{1}{3}$ L とかいて、「３分の１リットル」と読みます。

$$\dfrac{1}{3} \quad \Rightarrow \quad \dfrac{分子}{分母}$$

　次のかさだけ色をぬりましょう。すべて１Lますです。

① $\dfrac{2}{3}$ L

② $\dfrac{1}{4}$ L

③ $\dfrac{1}{5}$ L

分数とは

のところの大きさを分数で答えましょう。全体を 1
とします。

① ② ③

( ) ( ) ( )

④ ⑤ ⑥

( ) ( ) ( )

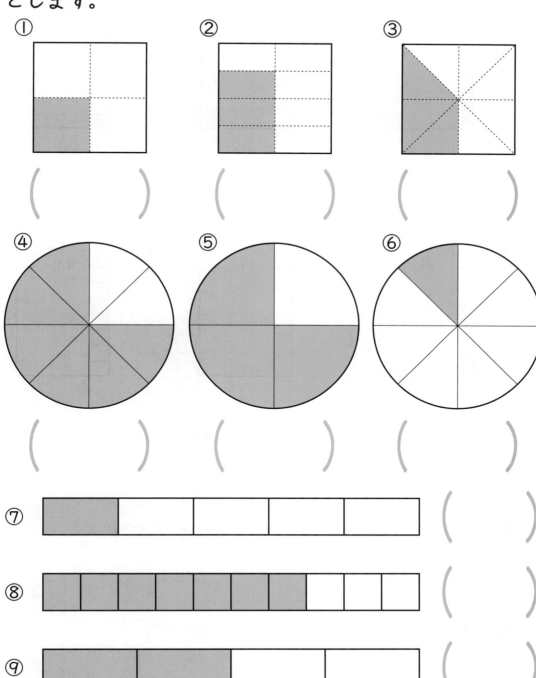

⑦ ( )

⑧ ( )

⑨ ( )

分数 ③
かさ

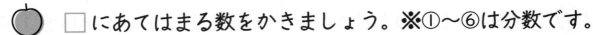

□ にあてはまる数をかきましょう。※①～⑥は分数です。

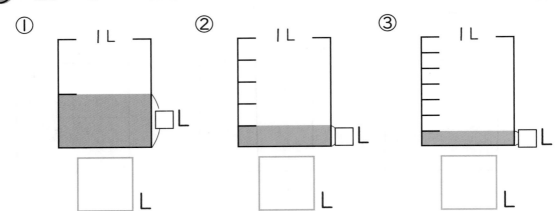

① □ L　　□ L

② □ L　　□ L

③ □ L　　□ L

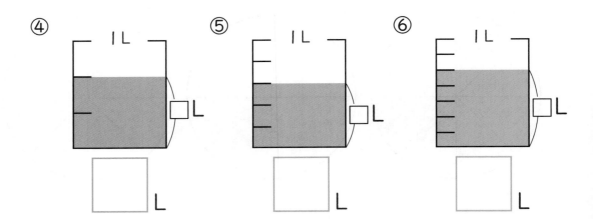

④ □ L　　□ L

⑤ □ L　　□ L

⑥ □ L　　□ L

⑦　$\frac{4}{7}$ L は、$\frac{1}{7}$ L の □ つ分のかさです。

⑧　1 L は、$\frac{1}{6}$ L の □ つ分のかさです。

分数 ④
長さ

□にあてはまる数をかきましょう。※①～⑤は分数です。

①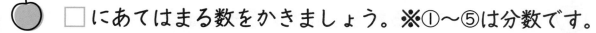

②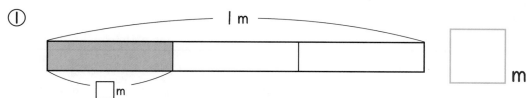

③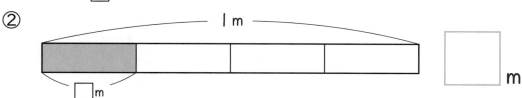

④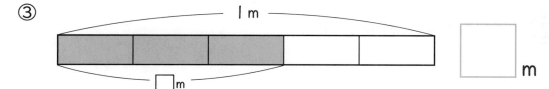

⑤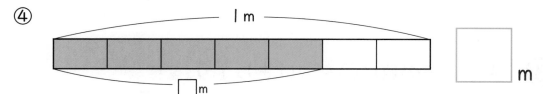

⑥　$\frac{5}{9}$ m は、$\frac{1}{9}$ m の □ こ分の長さです。

⑦　1 m は、$\frac{1}{10}$ m の □ こ分の長さです。

⑧　1 m は、$\frac{1}{5}$ m の □ こ分の長さです。

分数 ⑤
大きさ

① ↑ がさしている数を分数でかきましょう。

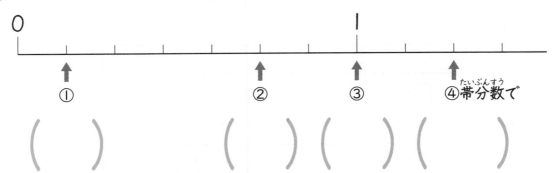

0 　　　　　　　　　　　　　　　1

①　　　　　　②　　　③　　　④帯分数で

(　　　)　　　(　　)(　　)(　　)

② □に数を入れましょう。

①　$\dfrac{\square}{7}=1$　　　②　$\dfrac{5}{\square}=1$　　　③　$\dfrac{8}{8}=\square$

③ 大きい方の数に○をつけましょう。

①　$\dfrac{5}{7}$, $\dfrac{1}{7}$　　　　②　1 , $\dfrac{5}{8}$

③　$\dfrac{7}{9}$, 1　　　　④　$\dfrac{3}{8}$, $\dfrac{5}{8}$

④ 大きいじゅんにならびかえましょう。

①　$\dfrac{5}{7}$, $\dfrac{3}{7}$, 1 , $\dfrac{1}{7}$　　(　　　　　　　)

②　$\dfrac{5}{9}$, $1\dfrac{2}{9}$, $\dfrac{7}{9}$, 1　　(　　　　　　　)

分数 ⑥
小数と分数

① 分母が10の分数を（　）にかき、［　　］に小数をかきましょう。

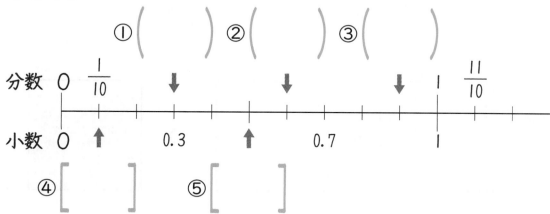

① （　　）　② （　　）　③ （　　）

分数　0　$\frac{1}{10}$　↓　↓　↓　1　$\frac{11}{10}$

小数　0　↑　0.3　↑　0.7　1

④ ［　　］　⑤ ［　　］

② □ にあてはまる数をかきましょう。①〜④は小数です。

① $\frac{1}{10}$ = □　　② $\frac{3}{10}$ = □

③ $\frac{7}{10}$ = □　　④ $\frac{23}{10}$ = □

⑤ 0.1 = $\frac{□}{10}$　　⑥ 0.3 = $\frac{□}{10}$

⑦ 0.8 = $\frac{8}{□}$　　⑧ 1.4 = $1\frac{4}{□}$

分数 ⑦
たし算

 次の計算をしましょう。

① $\dfrac{5}{7} + \dfrac{1}{7} = \dfrac{}{7}$

$\dfrac{1}{7}$ が 5 こ　　　$\dfrac{1}{7}$ が 1 こ　　　$\dfrac{1}{7}$ が（5＋1）こ

② $\dfrac{1}{5} + \dfrac{3}{5} =$

③ $\dfrac{6}{9} + \dfrac{1}{9} =$

④ $\dfrac{3}{6} + \dfrac{3}{6} =$

⑤ $\dfrac{1}{4} + \dfrac{3}{4} =$

⑥ $\dfrac{3}{7} + \dfrac{18}{7} =$

⑦ $\dfrac{12}{10} + \dfrac{8}{10} =$

⑧ $\dfrac{7}{8} + \dfrac{9}{8} =$

⑨ $\dfrac{6}{5} + \dfrac{4}{5} =$

分数 ⑧
ひき算

 次の計算をしましょう。

① $\dfrac{5}{7} - \dfrac{1}{7} = \dfrac{}{7}$

$\dfrac{1}{7}$ が5こ　　　　$\dfrac{1}{7}$ が1こ　　　　$\dfrac{1}{7}$ が（5−1）こ

② $\dfrac{3}{4} - \dfrac{2}{4} =$

③ $\dfrac{7}{8} - \dfrac{5}{8} =$

④ $1 - \dfrac{6}{9} =$

⑤ $\dfrac{13}{10} - \dfrac{9}{10} =$

⑥ $\dfrac{8}{3} - \dfrac{5}{3} =$

⑦ $\dfrac{7}{5} - \dfrac{5}{5} =$

⑧ $\dfrac{13}{12} - 1 =$

⑨ $\dfrac{15}{8} - \dfrac{7}{8} =$

まとめ ㉕
分数

/50点

① 次のかさを分数で表しましょう。

（各5点／15点）

㋐　　　　　　　　　㋑　　　　　　　　　㋒

☐ L　　　　　　　☐ L　　　　　　　☐ L

② 次の長さを分数で表しましょう。

（各5点／15点）

1 m

0

☐ m　　　☐ m　　　☐ m

③ 分母が10の分数を（　　）にかき、☐に小数をかきましょう。

（各5点／20点）

$\frac{1}{10}$　　（　　）　　　$\frac{8}{10}$　　（　　）　帯分数で

0　　　　　　　　　　　　　　1

☐　　　0.4　　　☐　　　　1.2

月　日　名前

まとめ ㉖

分数

／50点

① □にあてはまる数をかきましょう。

（各5点／20点）

① $\dfrac{1}{10} = \boxed{}$

② $0.1 = \dfrac{\boxed{}}{10}$

③ $\dfrac{15}{10} = \boxed{}$

④ $1.3 = 1\dfrac{3}{\boxed{}}$

② 次の計算をしましょう。

（各3点／30点）

① $\dfrac{2}{10} + \dfrac{7}{10} =$

② $\dfrac{1}{3} + \dfrac{1}{3} =$

③ $\dfrac{1}{5} + \dfrac{4}{5} =$

④ $\dfrac{5}{10} + \dfrac{3}{10} =$

⑤ $\dfrac{3}{8} + \dfrac{1}{8} =$

⑥ $\dfrac{9}{10} - \dfrac{3}{10} =$

⑦ $\dfrac{7}{8} - \dfrac{3}{8} =$

⑧ $\dfrac{2}{5} - \dfrac{1}{5} =$

⑨ $\dfrac{4}{3} - \dfrac{2}{3} =$

⑩ $1 - \dfrac{5}{7} =$

円と球 ①

直径・半径

 （　　）にあてはまることばや数をかきましょう。

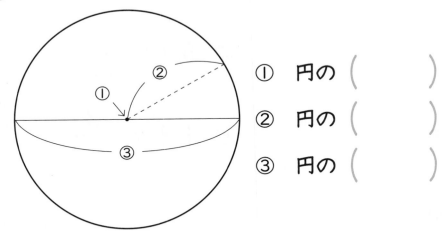

① 円の （　　　　　）

② 円の （　　　　　）

③ 円の （　　　　　）

④ 直径の長さは半径の （　　　　　） 倍です。

⑤ 直径は円の （　　　　　） を通ります。

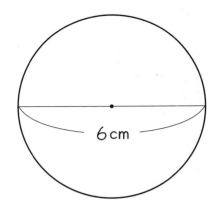

6 cm

⑥ 左の円の直径は（　　　　　） cm です。

⑦ 半径は （　　　　　） cmです。

⑧ 直径14cmの円の半径は （　　　　　） cmです。

⑨ 半径6cmの円の直径は （　　　　　） cmです。

円と球 ②
直径・半径

 次の円の直径、半径をはかりましょう。

①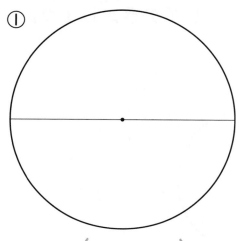

直径 （　　　　　）

半径 （　　　　　）

②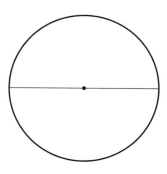

直径 （　　　　　）

半径 （　　　　　）

③

直径 （　　　　　）

半径 （　　　　　）

④

直径 （　　　　　）

半径 （　　　　　）

円と球 ③
円をかく

コンパスを使って、円をたくさんかきましょう。

① 半径2cmで、ア〜クを中心にしてかきましょう。

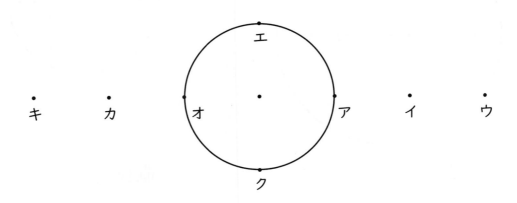

② 半径2cmで、ア〜ケを中心にしてかきましょう。

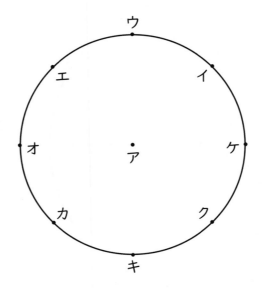

円と球 ④
球

① 図は、球^{きゅう}を半分に切ったところです。（　　）にあてはまることばをかきましょう。

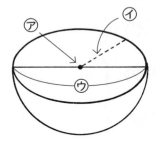

⑦　球の（　　　　　）

⑦　球の（　　　　　）

⑦　球の（　　　　　）

② 箱^{はこ}の中にすきまなくボールが8こ入っています。

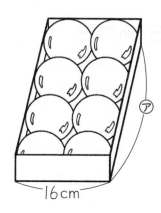

16cm

①　このボールの直径^{ちょっけい}は何cmですか。

式^{しき}

答え ＿＿＿＿＿＿＿＿＿＿＿

②　このボールの半径は何cmですか。

式

答え ＿＿＿＿＿＿＿＿＿＿＿

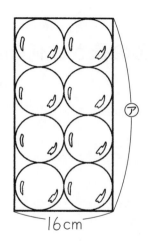

16cm

③　箱のたての長さ⑦は何cmですか。

式

答え ＿＿＿＿＿＿＿＿＿＿＿

月　　日 名前

まとめ ㉗
円と球

/50点

★
① 円について答えましょう。　　　　　　　　　　　　（各5点／20点）

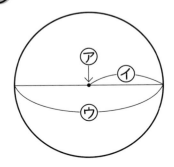

①　⑦〜⑦の名前をかきましょう。

点⑦　　　円の（　　　　　　　）

①の長さ　円の（　　　　　　　）

⑦の長さ　円の（　　　　　　　）

②　直径は半径の（　　　　）倍の長さです。

★★
② 次の円をかきましょう。　　　　　　　　　　　　（各10点／20点）

①　半径2cmの円　　　　②　直径5cmの円

・

・

★★★
③ 半径2cmの円が3こあります。⑦、①の長さは何cmですか。　　　　　　　　　　　　　　　　　　　　　　　　　（10点）

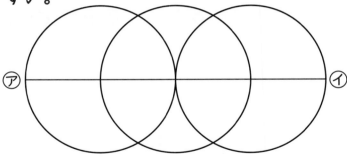

答え

月　　日　名前

まとめ ㉘
円と球

/50点

① 球を半分に切りました。㋐～㋒の名前をかきましょう。

(各5点／15点)

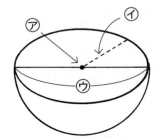

点㋐　　　球の（　　　　　　）

㋑の長さ　球の（　　　　　　）

㋒の長さ　球の（　　　　　　）

② 次のおよその長さをえらびましょう。

(各5点／15点)

①　1円玉の直径　　　　　　　（　　　　　　　　　）

②　テニスのボールの直径　　　（　　　　　　　　　）

③　サッカーボールの直径　　　（　　　　　　　　　）

> 2cm　7cm　10cm　20cm　50cm

③ 箱の中にボール6こがぴったり入っています。

(各式5点、答え5点／20点)

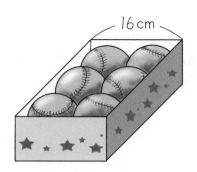

16cm

①　このボールの直径は何cm
ですか。

式

答え＿＿＿＿＿＿＿

②　箱のたての長さは何cmですか。

式

答え＿＿＿＿＿＿＿

角

三角形のかどの形を調べてみましょう。

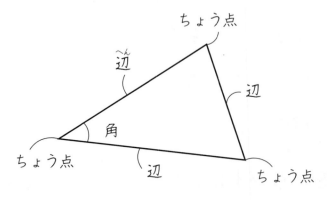

　1つのちょう点から出ている2つの辺がつくる形を角といいます。

　三角形には3つの角があります。

　角の大きい小さいは、角をつくる2つの辺の開きぐあいでくらべます。

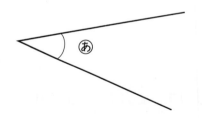
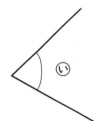

角ⓘ ＞ 角ⓐ　　角ⓘは角ⓐより大きい。

　どちらの角が大きいですか。正しい不等号を入れましょう。

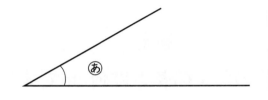

角ⓐ ☐ 角ⓘ

三角形と角 ②

角

　2つの辺の長さが等^{ひと}し
い三角形を　二等辺三角形_{にとうへんさんかくけい}
といいます。

　3つの辺の長さが等し
い三角形を　正三角形　と
いいます。

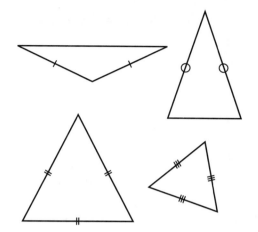

🍎　図の三角形の中から、二等辺三角形や正三角形を見つ
け、なかま分けをして記号^{きごう}をかきましょう。

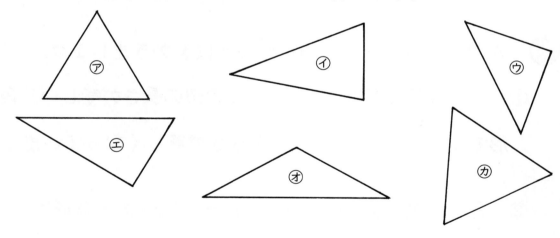

①　二等辺三角形　　　（　　　　　）（　　　　　）

②　正三角形　　　　　（　　　　　）（　　　　　）

③　そのほかの三角形　（　　　　　）（　　　　　）

三角形と角 ③
角

二等辺三角形の角の大きさを調べてみましょう。

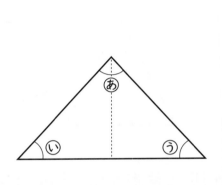

角い ＝ 角う

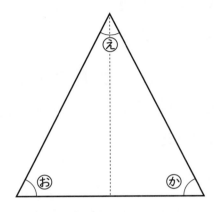

角お ＝ 角か

🍎 次の □ にあてはまる数やことばをかきましょう。

① 二等辺三角形は、 □ つの辺の長さが等しい三角形です。 □ つの角の大きさが等しくなっています。

② 3つの辺の長さが5cm、6cm、5cmの三角形は □ 三角形です。

③ 二等辺三角形を2つにおって、ぴったり重なった角の大きさは □ です。

三角形と角 ④
角

正三角形の角について調べてみましょう。

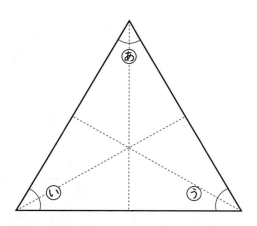

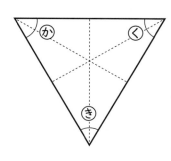

角⑤ ＝ 角⑥ ＝ 角⑦　　　　　　角⑰ ＝ 角⑱ ＝ 角⑲

次の ☐ にあてはまる数やことばをかきましょう。

①　正三角形は ☐ つの辺の長さが等しい三角形です。

　　☐ つの角の大きさも等しくなっています。

②　3つの辺の長さが6cm、6cm、6cmの三角形は

　　☐ 三角形です。

③　正三角形を2つにおって切りはなした1つの三角形は

　　☐ 三角形になります。

三角形と角 ⑤

三角形をかく

３つの辺の長さが３cm、４cm、４cmの二等辺三角形をかきます。

㋐

3cmの辺をかく

㋑

Bから４cm、Cから
４cmのところに
しるしをつける

B　　　　　　C

㋒

A

B　　　　　　C

しるしの交わった
点とB、Cを
むすぶ

🍎 二等辺三角形をかきましょう。

① 5cm、4cm、4cm　　② 4cm、5cm、5cm

三角形と角 ⑥
三角形をかく

　３つの辺の長さが４cmの正三角形をかきます。

　辺の長さを４cmとし、あとは二等辺三角形と同じように
かきます。

_____

４cmの辺をかく

B_____C

Bから４cm、Cから
４cmのところに
しるしをつける

（Aの三角形の図）

しるしの交わった
点とB、Cを
むすぶ

🍎　正三角形をかきましょう。

①　１辺が５cm　　　　②　１辺が６cm

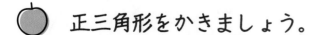

_____　　　_____

月　日　名前

まとめ ㉙
三角形と角

/50
点

① ⑦、④、⑦の3つの角を大きいじゅんにかきましょう。

(10点)

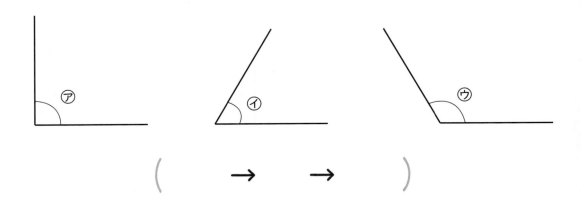

（　　　　→　　　→　　　　）

② （　　　）にあてはまることばや数をかきましょう。

(（　）1つ10点／40点)

① 2つの辺の長さが等しい三角形
を（　　　　　　　）といいま
す。この三角形の（　　　　）つの
角の大きさも等しくなっています。

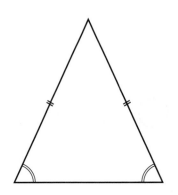

② 3つの辺の長さがみんな等しい
三角形を（　　　　）といいます。
この三角形の3つの角はみんな
（　　　　）なっています。

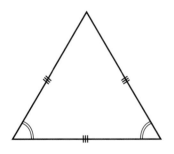

まとめテスト

月　日　名前

まとめ ㉚
三角形と角

/50点

⭐⭐
① 次の三角形をかきましょう。
(各10点／20点)

① 　１辺の長さが４cmの正三角形　

② 　辺の長さが５cm、５cm、４cmの二等辺三角形

⭐⭐
② 点Cを中心とする半径３cmの円をかきましょう。
(10点)

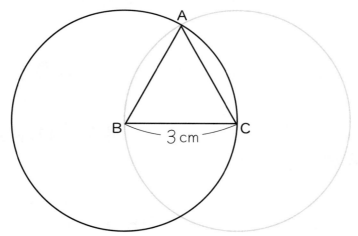

① 　ABの長さは（　　　　　）cmです。

　　ACの長さは（　　　　　）cmです。
(10点)

② 　三角形ABCは（　　　　　　　　）です。
(10点)

□を使った式 ①
□の使い方

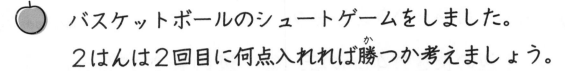

バスケットボールのシュートゲームをしました。

2はんは2回目に何点入れれば勝^かつか考えましょう。

	1回目	2回目	合計
1ぱん	8	8	16点
2はん	14	□	

① それぞれの合計点を式^{しき}で表^{あらわ}しましょう。

　　　1ぱん（　　　＋　　　＝　　　）

　　　2はん（　　　＋□　）

② 2はんは何点入れたら勝つか、□に数を入れて考えましょう。

　　　　　　　　　　　　　　勝ち, 負^まけ, 同点

　　㋐　0点のとき　14+□<16　（　負け　）

　　㋑　1点のとき　14+□<16　（　　　）

　　㋒　2点のとき　14+□＝16　（　　　）

　　㋓　3点のとき　14+□>16　（　　　）

月　　日　名前

□を使った式 ②
□の使い方

🍎　１ダース700円のえんぴつと、1800円のえんぴつけずりきを買います。

①　えんぴつを□ダースと、1800円のえんぴつけずりきを買うときの代金を式で表しましょう。

代金（700×□＋　　　　　）

②　えんぴつを１ダース、２ダース、３ダース買うときの代金をもとめましょう。

　　㋐　１ダースのとき

　　700×□＋□＝□

　　㋑　２ダースのとき

　　700×□＋□＝□

　　㋒　３ダースのとき

　　700×□＋□＝□

□を使った式 ③
たし算の式

① 自動車にガソリンが9L入っていました。ガソリンスタンドで、まんタンまで入れてもらいました。まんタンは60L入ります。

※「まんタン」＝ねんりょうなどがタンクにいっぱい入っていること。

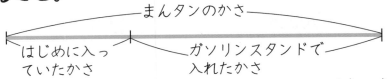

まんタンのかさ
はじめに入っていたかさ　　ガソリンスタンドで入れたかさ

① 入れたガソリンを□Lとして、たし算の式で表しましょう。

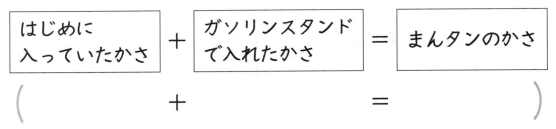

| はじめに入っていたかさ | ＋ | ガソリンスタンドで入れたかさ | ＝ | まんタンのかさ |

（　　　　　　＋　　　　　　＝　　　　　　）

② ガソリンスタンドで入れたガソリンのかさをもとめましょう。

式

答え

② □にあてはまる数をもとめましょう。

① 13＋□＝65

② 26＋□＝55

③ □＋19＝102

④ 102＋□＝219

□を使った式 ④
ひき算の式

① チューリップの球根（きゅうこん）が80こありました。2組のみんなが植えたら6このこりました。みんなで球根を何こ植えましたか。

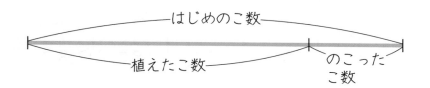

①　植えた球根を□ことして、ひき算の式に表しましょう。

はじめの こ数	−	植えた こ数	=	のこった こ数

（　　　　　　　−　　　　　　　＝　　　　　　　）

②　植えた球根のこ数□をもとめましょう。

式

答え　＿＿＿＿＿＿＿＿＿＿

② □にあてはまる数をかきましょう。

①　40−□＝8

②　68−□＝29

③　125−□＝77

④　234−□＝156

月　日　名前

□を使った式 ⑤
かけ算の式

① いちごを１人に８こずつ配ることにしました。いちごは全部で48こあります。

① いちごをもらう人の数を□人として、かけ算の式に表しましょう。

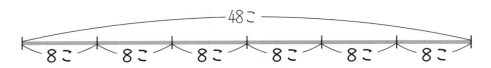

$$(\quad \times \quad = \quad)$$

② □の数をもとめましょう。

式

答え _____

② □にあてはまる数をかきましょう。

① 8×□=72

② 7×□=63

③ 6×□=60

④ 9×□=99

178

□を使った式 ⑥
わり算の式

① いちごを１人に８こずつ配っていったら、ちょうど6人に配ることができました。

① 全部のいちごの数を□ことして、わり算の式に表しましょう。

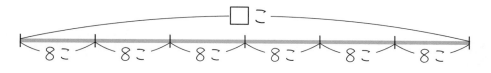

| 全部の数 | ÷ | １人分の数 | = | 配れた人の数 |

$$(\quad\quad ÷ \quad\quad = \quad\quad)$$

② □の数をもとめましょう。

式

答え _____

② □ににあてはまる数をかきましょう。

① □ ÷ 8 = 8　　　　② □ ÷ 7 = 7

③ □ ÷ 6 = 10　　　　④ □ ÷ 9 = 12

考える力をつける ①
間の数

① 道路にそって8mおきにがいとうが立っています。1本目から6本目までは何mですか。

式

答え _____

② ダンスで8人が2mおきにならびました。先頭からいちばん後ろまで何mあればならべますか。

式

答え _____

③ 3mおきに10本はたを立てます。何mの直線があればいいですか。

式

答え _____

考える力をつける ②
間の数

① トラックに10mおきにコーンをおいていきます。12本で一しゅう分です。トラックは何mありますか。

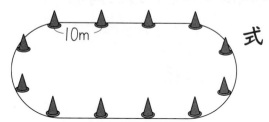

式

答え _____

② 丸い池のまわりに5mおきに8本の木が植えてあります。池のまわりは何mですか。

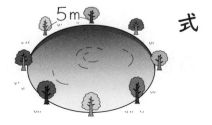

式

答え _____

③ わにしたリボンに5cmごとにしるしをつけると、ちょうど9つつきました。リボンの長さは何cmですか。

式

答え _____

考える力をつける ③
いろいろな三角形

① 次の三角形は、何という三角形ですか。

①　辺の長さが、4cm、6cm、6cmの三角形

（　　　　　　　　）

②　3つの角の大きさが等しい三角形

（　　　　　　　　）

③　2つの角の大きさが等しい三角形

（　　　　　　　　）

④　8cmのストロー3本でできる三角形

（　　　　　　　　）

⑤　6cmのストロー1本と、8cm　（　　　　　　　　）
のストロー2本でできる三角形

② 紙を2つにおって、……のところを切って開きます。どんな三角形ができますか。

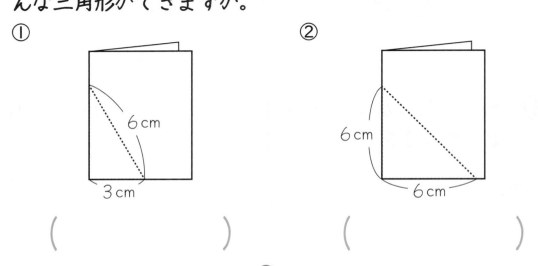

①　　　　　　　　　　　　　　②
6cm　　　　　　　　　　　　6cm
3cm　　　　　　　　　　　　6cm

（　　　　　　　　）　（　　　　　　　　）

考える力をつける ④
いろいろな三角形

① 同じ大きさの円を使って、図のようなもようをかきました。㋐、㋑、㋒を直線でむすんでできる三角形の名前をかきましょう。

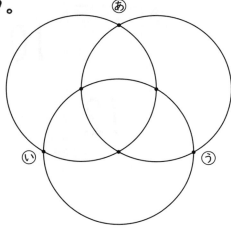

（　　　　　　　）

② 次の中から、三角形ができないものをえらび、記号で答えましょう。

㋐　3辺が5cm、4cm、3cmのとき

㋑　3辺が5cm、3cm、3cmのとき

㋒　3辺が5cm、3cm、2cmのとき

（　　　　　　　）

考える力をつける ⑤
九九の表

次の部分は九九の表の一部です。あいているマス目に答えになる数をかきましょう。

①

2	3
	6

②

	10
12	

③

	40
36	

④

	6	
4		12

⑤

5		
10		14

⑥

	32	36
35		

考える力をつける ⑥
九九の表

次の部分は九九の表の一部です。あいているマス目に答えになる数をかきましょう。

①
10		20
	18	

②
	12	
12		20

③
18	
24	32

④
35	
	48
45	

⑤
	16	
	20	
	24	

⑥
	49	

考える力をつける ⑦
虫食いたし算・ひき算

🍎 □にあてはまる数をかきましょう。

①
```
    2 6 □
 +  2 □ 4
 ─────────
  □   8 1
```

②
```
  □ 8 □
 + 2 □ 3
 ─────────
  8 3 1
```

③
```
    2 4 □
 + □ □ 1
 ─────────
  5 3 7
```

④
```
  8 □ 5
 - 4 3 □
 ─────────
  □ 2 8
```

⑤
```
    7 0 3
 -   3 □ □
 ─────────
  □   3 6
```

⑥
```
  6 1 □
 - 1 □ 3
 ─────────
  □ 5 8
```

考える力をつける ⑧
虫食いかけ算

□にあてはまる数をかきましょう。

①
$$
\begin{array}{r}
6\,\square \\
\times\quad 8 \\
\hline
5\,\square\,6
\end{array}
$$

②
$$
\begin{array}{r}
\square\,5 \\
\times\quad 6 \\
\hline
4\,\square\,\square
\end{array}
$$

③
$$
\begin{array}{r}
\square\,4 \\
\times\quad 9 \\
\hline
7\,\square\,6
\end{array}
$$

④
$$
\begin{array}{r}
8\,3 \\
\times\quad \square \\
\hline
4\,\square\,8
\end{array}
$$

⑤
$$
\begin{array}{r}
\square\,7\,6 \\
\times\quad\quad \square \\
\hline
2\,3\,\square\,0
\end{array}
$$

⑥
$$
\begin{array}{r}
3\,\square\,\square \\
\times\quad\quad 9 \\
\hline
\square\,\square\,8\,6
\end{array}
$$

187

月　　日　名前

考える力をつける ⑨
虫食いかけ算

□にあてはまる数をかきましょう。

①

```
        4   6
    ×  □   □
    ──────────
   □    6   8
    4   □
    ──────────
    8   2   □
```

②

```
            8   □
        ×   □   8
    ──────────────
       □    5   6
    4   9   □
    ──────────────
    5   □   7   □
```

③

```
        □   7
    ×   5   4
    ──────────
   □   □   8
    1   8   □
    ──────────
   □    9   9
```

④

```
        □   7
    ×   7   □
    ──────────
    5   □   9
   □    3   □
    ──────────
    5   □   2   □
```

考える力をつける ⑩
虫食いかけ算

🍎 □にあてはまる数をかきましょう。

①
```
      3 □
　×　6 □
　─────────
      1 □ 8
   2 □ 6
　─────────
   □ 2 □ 8
```

②
```
          □ □
　×　　4 □
　─────────
      □ □ □
   3 8 0
　─────────
   4 2 7 5
```

③
```
      2 □ 2
　×　　□ 6
　─────────
   1 □ 3 2
   □ 1 6
　─────────
   9 7 □ □
```

④
```
   □ 2 □
　×　□ 7
　─────────
   2 2 □ □
   □ 4
　─────────
   □ □ 6 7
```

上級算数習熟プリント　　小学3年生

2023年 3 月10日　第 1 刷　発行

- -

著　者　岸本 ひとみ

発行者　面屋　洋

企　画　フォーラム・A

発行所　清風堂書店

　　　　〒530-0057　大阪市北区曽根崎 2 -11-16
　　　　TEL 06-6316-1460／FAX 06-6365-5607

振　替　00920-6-119910

- -

制作編集担当　蒔田　司郎
表紙デザイン　ウエナカデザイン事務所
※乱丁・落丁本はおとりかえいたします。

学力の基礎をきたえどの子も伸ばす研究会

HPアドレス　http://gakuryoku.info/

常任委員長　岸本ひとみ
事務局　〒675-0032 加古川市加古川町備後 178−1−2−102 岸本ひとみ方 ☎・Fax 0794−26−5133

① めざすもの

　私たちは、すべての子どもたちが、日本国憲法と子どもの権利条約の精神に基づき、確かな学力の形成を通して豊かな人格の発達が保障され、民主平和の日本の主権者として成長することを願っています。しかし、発達の基盤ともいうべき学力の基礎を鍛えられないまま落ちこぼれている子どもたちが普遍化し、「荒れ」の情況があちこちで出てきています。

　私たちは、「見える学力、見えない学力」を共に養うこと、すなわち、基礎の学習をやり遂げさせることと、読書やいろいろな体験を積むことを通して、子どもたちが「自信と誇りとやる気」を持てるようになると考えています。

　私たちは、人格の発達が歪められている情況の中で、それを克服し、子どもたちが豊かに成長するような実践に挑戦します。

　そのために、つぎのような研究と活動を進めていきます。
　　① 「読み・書き・計算」を基軸とした学力の基礎をきたえる実践の創造と普及。
　　② 豊かで確かな学力づくりと子どもを励ます指導と評価の探究。
　　③ 特別な力量や経験がなくても、その気になれば「いつでも・どこでも・だれでも」ができる実践の普及。
　　④ 子どもの発達を軸とした父母・国民・他の民間教育団体との協力、共同。

　私たちの実践が、大多数の教職員や父母・国民の方々に支持され、大きな教育運動になるよう地道な努力を継続していきます。

② 会　　員

- 本会の「めざすもの」を認め、会費を納入する人は、会員になることができる。
- 会費は、年 4000 円とし、7 月末までに納入すること。①または②

①郵便振替　口座番号　00920−9−319769 　名　　称　　学力の基礎をきたえどの子も伸ばす研究会	②ゆうちょ銀行　ゼロキュウキュウ 　店番099　店名〇九九店　当座0319769

- 特典　研究会をする場合、講師派遣の補助を受けることができる。
　　　　大会参加費の割引を受けることができる。
　　　　学力研ニュース、研究会などの案内を無料で送付してもらうことができる。
　　　　自分の実践を学力研ニュースなどに発表することができる。
　　　　研究の部会を作り、会場費などの補助を受けることができる。
　　　　地域サークルを作り、会場費の補助を受けることができる。

③ 活　　　　動

　全国家庭塾連絡会と協力して以下の活動を行う。
- 全 国 大 会　全国の研究、実践の交流、深化をはかる場とし、年 1 回開催する。通常、夏に行う。
- 地域別集会　地域の研究、実践の交流、深化をはかる場とし、年 1 回開催する。
- 合宿研究会　研究、実践をさらに深化するために行う。
- 地域サークル　日常の研究、実践の交流、深化の場であり、本会の基本活動である。
　　　　　　　　可能な限り月 1 回の月例会を行う。
- 全国キャラバン　地域の要請に基づいて講師派遣をする。

全 国 家 庭 塾 連 絡 会

① めざすもの

　私たちは、日本国憲法と子どもの権利条約の精神に基づき、すべての子どもたちが確かな学力と豊かな人格を身につけて、わが国の主権者として成長することを願っています。しかし、わが子も含めて、能力があるにもかかわらず、必要な学力が身につかないままになっている子どもたちがたくさんいることに心を痛めています。

　私たちは学力研が追究している教育活動に学びながら、「全国家庭塾連絡会」を結成しました。

　この会は、わが子に家庭学習の習慣化を促すことを主な活動内容とする家庭塾運動の交流と普及を目的としています。

　私たちの試みが、多くの父母や教職員、市民の方々に支持され、地域に根ざした大きな運動になるよう学力研と連携しながら努力を継続していきます。

② 会　　員

　本会の「めざすもの」を認め、会費を納入する人は会員になれる。
　会費は年額 1500 円とし（団体加入は年額 3000 円）、7 月末までに納入する。
　会員は会報や連絡交流会の案内、学力研集会の情報などをもらえる。

事務局　〒564-0041　大阪府吹田市泉町 4−29−13　影浦邦子方 ☎・Fax 06−6380−0420
郵便振替　口座番号　00900−1−109969　　名称　全国家庭塾連絡会

上級 算数 **3**年生
習熟プリント

答え

時こくと時間 ①
短い時間

① ストップウォッチで、時間をはかりました。
何秒、または何分何秒ですか。

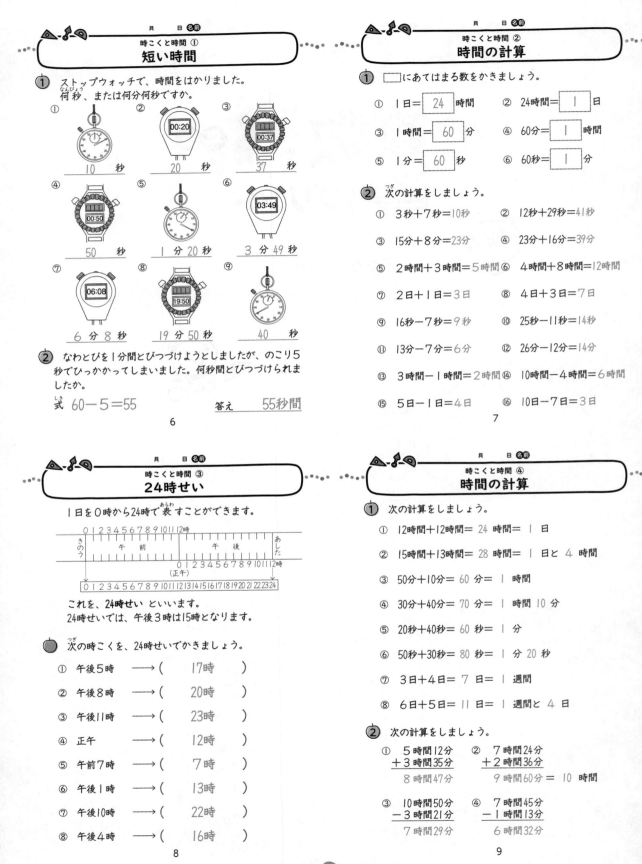

① 10 秒
② 20 秒
③ 37 秒
④ 50 秒
⑤ 1 分 20 秒
⑥ 3 分 49 秒
⑦ 6 分 8 秒
⑧ 19 分 50 秒
⑨ 40 秒

② なわとびを1分間とびつづけようとしましたが、のこり5秒でひっかかってしまいました。何秒間とびつづけられましたか。

式　60－5＝55　　　　答え　55秒間

6

時こくと時間 ②
時間の計算

① □にあてはまる数をかきましょう。

① 1日＝ 24 時間　　② 24時間＝ 1 日
③ 1時間＝ 60 分　　④ 60分＝ 1 時間
⑤ 1分＝ 60 秒　　⑥ 60秒＝ 1 分

② 次の計算をしましょう。

① 3秒＋7秒＝10秒　　② 12秒＋29秒＝41秒
③ 15分＋8分＝23分　　④ 23分＋16分＝39分
⑤ 2時間＋3時間＝5時間　⑥ 4時間＋8時間＝12時間
⑦ 2日＋1日＝3日　　⑧ 4日＋3日＝7日
⑨ 16秒－7秒＝9秒　　⑩ 25秒－11秒＝14秒
⑪ 13分－7分＝6分　　⑫ 26分－12分＝14分
⑬ 3時間－1時間＝2時間　⑭ 10時間－4時間＝6時間
⑮ 5日－1日＝4日　　⑯ 10日－7日＝3日

7

時こくと時間 ③
24時せい

1日を0時から24時で表すことができます。

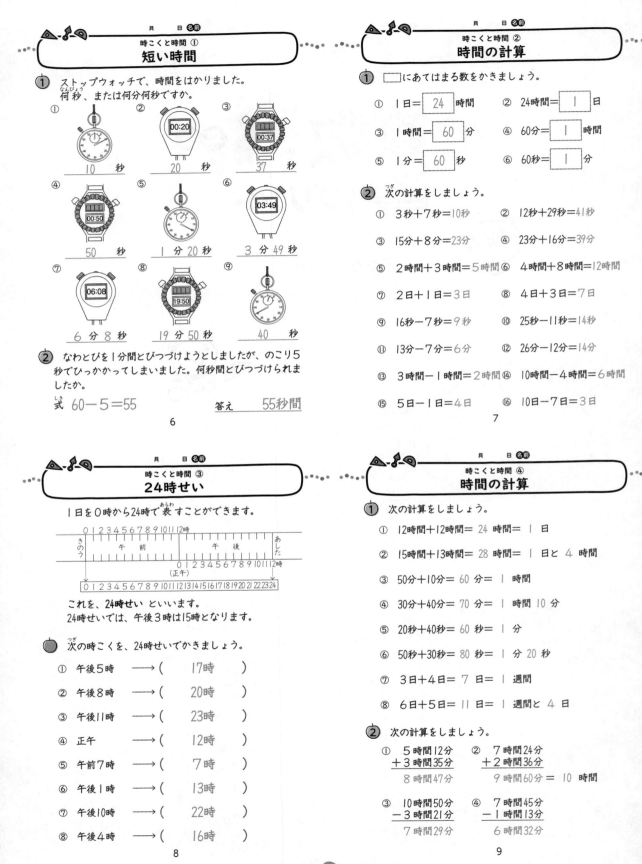

これを、24時せい といいます。
24時せいでは、午後3時は15となります。

● 次の時こくを、24時せいでかきましょう。

① 午後5時　　⟶（　17時　）
② 午後8時　　⟶（　20時　）
③ 午後11時　⟶（　23時　）
④ 正午　　　⟶（　12時　）
⑤ 午前7時　　⟶（　7時　）
⑥ 午後1時　　⟶（　13時　）
⑦ 午後10時　⟶（　22時　）
⑧ 午後4時　　⟶（　16時　）

8

時こくと時間 ④
時間の計算

① 次の計算をしましょう。

① 12時間＋12時間＝ 24 時間＝ 1 日
② 15時間＋13時間＝ 28 時間＝ 1 日と 4 時間
③ 50分＋10分＝ 60 分＝ 1 時間
④ 30分＋40分＝ 70 分＝ 1 時間 10 分
⑤ 20秒＋40秒＝ 60 秒＝ 1 分
⑥ 50秒＋30秒＝ 80 秒＝ 1 分 20 秒
⑦ 3日＋4日＝ 7 日＝ 1 週間
⑧ 6日＋5日＝ 11 日＝ 1 週間と 4 日

② 次の計算をしましょう。

①　5時間12分
　＋3時間35分
　　8時間47分

②　7時間24分
　＋2時間36分
　　9時間60分＝ 10 時間

③　10時間50分
　－3時間21分
　　7時間29分

④　7時間45分
　－1時間13分
　　6時間32分

9

2

九九の表を使って

⚫ 九九の表を使って、問題に答えましょう。

① 九九の表をかんせいさせましょう。

かける数

×	1	2	3	4	5	6	7	8	9
1	1	2	3	4	5	6	7	8	9
2	2	4	6	8	10	12	14	16	18
3	3	6	9	12	15	18	21	24	27
4	4	8	12	16	20	24	28	32	36
5	5	10	15	20	25	30	35	40	45
6	6	12	18	24	30	36	42	48	54
7	7	14	21	28	35	42	49	56	63
8	8	16	24	32	40	48	56	64	72
9	9	18	27	36	45	54	63	72	81

（左端の縦列：かけられる数）

② 答えが4×5と同じになる式を見つけましょう。

4×5=$\boxed{5×4}$

③ 答えが6×7と同じになる式を見つけましょう。

6×7=$\boxed{7×6}$

かけ算では、かけられる数とかける数を入れかえても、答えは同じです。

10

九九の表を使って

① 6×7の、かけられる数やかける数を分けて計算してみましょう。

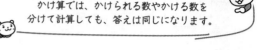

$6×7 \begin{cases} 4 × 7 = \boxed{28} \\ \boxed{2} × 7 = \boxed{14} \end{cases}$ 合わせて $\boxed{42}$

$6×7 \begin{cases} 6 × \boxed{3} = \boxed{18} \\ 6 × 4 = \boxed{24} \end{cases}$ 合わせて $\boxed{42}$

かけ算では、かけられる数やかける数を分けて計算しても、答えは同じになります。

② 9×7の答えを、いろいろな考え方でもとめましょう。

9×7=7×$\boxed{9}$

$9×7 \begin{cases} 9 × \boxed{2} = \boxed{18} \\ 9 × 5 = \boxed{45} \end{cases}$ 合わせて $\boxed{63}$

$9×7 \begin{cases} 2 × 7 = \boxed{14} \\ 3 × 7 = \boxed{21} \\ \boxed{4} × 7 = \boxed{28} \end{cases}$ 合わせて $\boxed{63}$

11

0・10のかけ算

⚫ おはじき入れをしました。

しゅうたさん

入ったところ（点）	10	8	6	4	2	0	合計
入った数（こ）	2	0	2	6	3	3	16
とく点（点）	20	0	12	24	6	0	62

しゅうたさんのとく点を計算して、表にかきましょう。

10点　10×2=$\boxed{20}$

8点　8×0=$\boxed{0}$

6点　6×$\boxed{2}$=$\boxed{12}$

4点　4×$\boxed{6}$=$\boxed{24}$

2点　2×$\boxed{3}$=$\boxed{6}$

0点　0×3=$\boxed{0}$

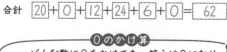

合計　$\boxed{20}$+$\boxed{0}$+$\boxed{12}$+$\boxed{24}$+$\boxed{6}$+$\boxed{0}$=$\boxed{62}$

0のかけ算

どんな数に0をかけても、答えは0になります。また、0にどんな数をかけても、答えは0になります。

12

0・10のかけ算

① 次の計算をしましょう。

① 3×0=0　　② 7×0=0
③ 1×0=0　　④ 9×0=0
⑤ 5×0=0　　⑥ 0×4=0
⑦ 0×8=0　　⑧ 0×2=0
⑨ 0×6=0　　⑩ 0×0=0

② 次の計算をしましょう。

① 10×3=30　② 10×8=80
③ 10×1=10　④ 10×7=70
⑤ 10×4=40　⑥ 6×10=60
⑦ 2×10=20　⑧ 9×10=90
⑨ 5×10=50　⑩ 0×10=0

③ 次の計算をしましょう。

① 2×0=0　　② 10×5=50
③ 0×7=0　　④ 1×10=10
⑤ 8×0=0　　⑥ 8×10=80
⑦ 0×3=0　　⑧ 10×2=20
⑨ 4×0=0　　⑩ 3×10=30

13

九九の表を広げよう

🍎 九九の表の □ をかんせいさせましょう。

かける数

×	1	2	3	4	5	6	7	8	9	10	11	12
1	1	2	3	4	5	6	7	8	9			
2	2	4	6	8	10	12	14	16	18			
3	3	6	9	12	15	18	21	24	27			
4	4	8	12	16	20	24	28	32	36			
5	5	10	15	20	25	30	35	40	45			
6	6	12	18	24	30	36	42	48	54			
7	7	14	21	28	35	42	49	56	63			
8	8	16	24	32	40	48	56	64	72			
9	9	18	27	36	45	54	63	72	81			
10												
11												
12												

（かけられる数）

> かける数と、かけられる数を入れかえても、
> 答えは同じです。

14

九九の表を広げよう

① 10のだんの答えも、左の表にかいてみましょう。

$10 × 1 = 10$

$10 × 2 = \boxed{20}$

…

$10 × 9 = \boxed{90}$

$10 × 10 = 100$

② 11のだんや、12のだんはどうしたらもとめられますか。

①

×	1	2	3	4	5	6	7	8	9	10	11	12
11	11	22	33	44	55	66	77	88	99	110	121	132

11 ずつふえるから

×	1	2	3	4	5	6	7	8	9	10	11	12
12	12	24	36	48	60	72	84	96	108	120	132	144

12 ずつふえるから

②

×	1	2	3	4	5	6	7	8	9	10	11	12
4	4	8	12	16	20	24	28	32	36	40	44	48
8	8	16	24	32	40	48	56	64	72	80	88	96
12	12	24	36	48	60	72	84	96	108	120	132	144

4のだんと8のだんを合わせると…

15

まとめ①
時こくと時間

／50点

① 次の時間をかきましょう。 (各5点／10点)

① 午前9時20分から午前10時30分まで

（ 1時間10分 ）

② 8時30分から15時まで

（ 6時間30分 ）

② 次の時こくをかきましょう。 (各10点／20点)

① 2時45分の35分後 　（ 3時20分 ）

② 18時10分の40分前 　（ 17時30分 ）

③ □ にあてはまる数をかきましょう。 (各5点／20点)

① 1分40秒 = $\boxed{100}$ 秒

② 75秒 = $\boxed{1}$ 分 $\boxed{15}$ 秒

③ 50分＋10分 = $\boxed{60}$ 分 = $\boxed{1}$ 時間

④ 13時間＋11時間 = $\boxed{24}$ 時間 = $\boxed{1}$ 日

16

まとめ②
九九の表とかけ算

／50点

① ⑦〜㋑の数をかきましょう。 (各4点／20点)

×	1	2	3		6	7	8	9
1	1	2	3		6	7	8	9
2	2	4	6		12	14	16	18
3	3	6	9					
5	5	10	15				⑦	
6			㋑					㋒
7								
8	㋓							
9					㋔			

⑦ （ 28 ）

㋑ （ 18 ）

㋒ （ 54 ）

㋓ （ 8 ）

㋔ （ 45 ）

② 次の計算をしましょう。 (各4点／20点)

① $3 × 10 = 30$ 　② $10 × 7 = 70$

③ $0 × 5 = 0$ 　④ $10 × 0 = 0$

⑤ $0 × 0 = 0$

③ □ にあてはまる数をかきましょう。 (各5点／10点)

① $7 × \boxed{8} = 56$

② $3 × 6 = 3 × 7 - \boxed{3}$

17

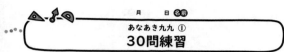

あなあき九九 ①
30問練習

🍎 □にあてはまる数をかきましょう。

① 4×[8]=32
② 6×[9]=54
③ 8×[5]=40
④ 2×[2]=4
⑤ 9×[6]=54
⑥ 5×[4]=20
⑦ 7×[2]=14
⑧ 3×[6]=18
⑨ 9×[9]=81
⑩ 3×[1]=3
⑪ 4×[3]=12
⑫ 5×[9]=45
⑬ 2×[6]=12
⑭ 6×[4]=24
⑮ 7×[7]=49
⑯ 3×[4]=12
⑰ 9×[2]=18
⑱ 7×[9]=63
⑲ 5×[7]=35
⑳ 3×[9]=27
㉑ 6×[3]=18
㉒ 7×[4]=28
㉓ 8×[8]=64
㉔ 2×[7]=14
㉕ 6×[6]=36
㉖ 3×[8]=24
㉗ 4×[5]=20
㉘ 8×[3]=24
㉙ 2×[9]=18
㉚ 9×[4]=36

18

あなあき九九 ②
30問練習

🍎 □にあてはまる数をかきましょう。

① 3×[8]=24
② 9×[9]=81
③ 6×[2]=12
④ 7×[8]=56
⑤ 3×[2]=6
⑥ 8×[4]=32
⑦ 9×[3]=27
⑧ 5×[8]=40
⑨ 7×[3]=21
⑩ 4×[7]=28
⑪ 2×[8]=16
⑫ 6×[3]=18
⑬ 5×[5]=25
⑭ 4×[4]=16
⑮ 6×[5]=30
⑯ 5×[2]=10
⑰ 2×[3]=6
⑱ 6×[8]=48
⑲ 8×[9]=72
⑳ 4×[2]=8
㉑ 7×[6]=42
㉒ 2×[5]=10
㉓ 8×[2]=16
㉔ 6×[7]=42
㉕ 9×[8]=72
㉖ 3×[5]=15
㉗ 8×[6]=48
㉘ 7×[5]=35
㉙ 5×[3]=15
㉚ 9×[5]=45

19

あなあき九九 ③
30問練習

🍎 □にあてはまる数をかきましょう。

① 8×[7]=56
② 2×[4]=8
③ 6×[6]=36
④ 3×[7]=21
⑤ 7×[4]=28
⑥ 9×[6]=54
⑦ 7×[9]=63
⑧ 2×[2]=4
⑨ 5×[6]=30
⑩ 4×[8]=32
⑪ 6×[2]=12
⑫ 4×[5]=20
⑬ 9×[3]=27
⑭ 6×[9]=54
⑮ 8×[2]=16
⑯ 4×[6]=24
⑰ 5×[9]=45
⑱ 4×[1]=4
⑲ 2×[9]=18
⑳ 7×[6]=42
㉑ 8×[4]=32
㉒ 9×[9]=81
㉓ 3×[3]=9
㉔ 5×[4]=20
㉕ 8×[5]=40
㉖ 6×[4]=24
㉗ 9×[7]=63
㉘ 2×[6]=12
㉙ 4×[3]=12
㉚ 3×[9]=27

20

あなあき九九 ④
30問練習

🍎 □にあてはまる数をかきましょう。

① 6×[3]=18
② 5×[7]=35
③ 9×[8]=72
④ 4×[2]=8
⑤ 2×[9]=18
⑥ 8×[4]=32
⑦ 2×[5]=10
⑧ 7×[2]=14
⑨ 3×[6]=18
⑩ 7×[5]=35
⑪ 9×[2]=18
⑫ 7×[9]=63
⑬ 4×[4]=16
⑭ 6×[5]=30
⑮ 8×[6]=48
⑯ 9×[4]=36
⑰ 8×[2]=16
⑱ 2×[3]=6
⑲ 4×[7]=28
⑳ 9×[6]=54
㉑ 3×[4]=12
㉒ 6×[8]=48
㉓ 5×[3]=15
㉔ 4×[9]=36
㉕ 8×[8]=64
㉖ 5×[1]=5
㉗ 2×[8]=16
㉘ 7×[7]=49
㉙ 3×[8]=24
㉚ 5×[5]=25

21

45問練習

□にあてはまる数をかきましょう。

① 7×8=56　② 2×2=4　③ 5×6=30
④ 9×9=81　⑤ 5×4=20　⑥ 3×6=18
⑦ 6×9=54　⑧ 4×3=12　⑨ 3×9=27
⑩ 8×9=72　⑪ 2×6=12　⑫ 4×4=16
⑬ 4×6=24　⑭ 7×7=49　⑮ 4×5=20
⑯ 2×3=6　⑰ 4×7=28　⑱ 3×5=15
⑲ 6×8=48　⑳ 2×7=14　㉑ 7×4=28
㉒ 5×9=45　㉓ 3×8=24　㉔ 6×5=30
㉕ 2×9=18　㉖ 6×6=36　㉗ 5×7=35
㉘ 7×9=63　㉙ 3×3=9　㉚ 9×7=63
㉛ 2×5=10　㉜ 4×9=36　㉝ 8×8=64
㉞ 9×6=54　㉟ 3×7=21　㊱ 5×5=25
㊲ 2×4=8　㊳ 5×8=40　㊴ 7×5=35
㊵ 4×8=32　㊶ 3×2=6　㊷ 6×7=42
㊸ 2×8=16　㊹ 7×6=42　㊺ 3×4=12

22

45問練習

□にあてはまる数をかきましょう。

① 2×3=6　② 9×2=18　③ 3×2=6
④ 8×7=56　⑤ 6×6=36　⑥ 5×7=35
⑦ 9×5=45　⑧ 8×9=72　⑨ 4×4=16
⑩ 8×3=24　⑪ 5×2=10　⑫ 9×1=9
⑬ 7×4=28　⑭ 2×6=12　⑮ 7×7=49
⑯ 4×2=8　⑰ 8×6=48　⑱ 7×3=21
⑲ 5×4=20　⑳ 3×3=9　㉑ 9×7=63
㉒ 8×2=16　㉓ 6×5=30　㉔ 5×5=25
㉕ 3×4=12　㉖ 7×8=56　㉗ 3×9=27
㉘ 7×5=35　㉙ 2×2=4　㉚ 8×5=40
㉛ 6×3=18　㉜ 5×3=15　㉝ 8×8=64
㉞ 6×8=48　㉟ 4×3=12　㊱ 9×4=36
㊲ 7×6=42　㊳ 4×9=36　㊴ 9×9=81
㊵ 8×4=32　㊶ 9×8=72　㊷ 2×5=10
㊸ 6×4=24　㊹ 9×6=54　㊺ 7×2=14

23

等分除

① 12このあめを4人で同じ数ずつ分けます。1人分は何こになりますか。

式 12÷4=3

答え　3こ

> 12÷4 の答えは、4のだんの九九で見つけられます。
> 4×1=4、4×2=8、4×3=12

② 35まいの色紙を、5人に同じ数ずつ分けます。1人分は何まいになりますか。

式 35÷5=7

答え　7まい

③ 48本のえんぴつを、6人で同じ数ずつ分けると、1人分は何本になりますか。

式 48÷6=8

答え　8本

24

等分除

① いちごが20こあります。5人で同じ数ずつ分けると、1人分は何こになりますか。

式 20÷5=4

答え　4こ

② 18このみかんを、6人で同じ数ずつ分けると、1人分は何こになりますか。

式 18÷6=3

答え　3こ

③ 72このおはじきを、8人で同じ数ずつ分けると、1人分は何こになりますか。

式 72÷8=9

答え　9こ

④ 10このトマトを、同じ数ずつ5皿に分けます。1皿分は何こになりますか。

式 10÷5=2

答え　2こ

⑤ 54cmのテープを、同じ長さになるように9本に切り分けます。切った1本のテープの長さは何cmになりますか。

式 54÷9=6

答え　6cm

25

① 12このあめを4こずつ分けます。何人に分けられますか。

式　$12 \div 4 = \boxed{3}$

答え　　　3人

同じ数ずつに分け、いくつ分になるかをもとめるときも、わり算を使います。

② 35まいの色紙を5まいずつ分けます。何人に分けられますか。

式　$35 \div 5 = 7$

答え　　　7人

③ 54cmのテープを9cmずつ切りました。9cmのテープは何本できましたか。

式　$54 \div 9 = 6$

答え　　　6本

26

---

① いちごが20こあります。5こずつ皿に分けると、皿は何まいいりますか。

式　$20 \div 5 = 4$

答え　　　4まい

② 18このみかんを3こずつ分けます。何人に分けられますか。

式　$18 \div 3 = 6$

答え　　　6人

③ 72このおはじきを、8こずつふくろに入れます。8こ入りのふくろは何こできますか。

式　$72 \div 8 = 9$

答え　　　9こ

④ 48本のえんぴつを、6本ずつたばにします。何たばできますか。

式　$48 \div 6 = 8$

答え　　　8たば

⑤ 10このトマトを、2こずつ皿に分けます。皿は何まいいりますか。

式　$10 \div 2 = 5$

答え　　　5まい

27

---

① あめを4人で同じ数ずつ分けます。

①

$\boxed{12} \div 4 = \boxed{3}$　　1人分の数は

12こ　　　　　　　　　　　　　　3こ

②

$\boxed{8} \div 4 = \boxed{2}$

8こ　　　　　　　　　　　　　　2こ

③

$\boxed{0} \div 4 = \boxed{0}$

0こ　　　　　　　　　　　　　　0こ

0を0でないどんな数でわっても答えは0になります。（÷0はできません）

② 次の計算をしましょう。

① $0 \div 9 = 0$　　　　② $0 \div 6 = 0$
③ $0 \div 1 = 0$　　　　④ $0 \div 7 = 0$
⑤ $0 \div 8 = 0$　　　　⑥ $0 \div 2 = 0$

28

---

① ジュースを1dLずつコップに入れます。
① 5dLのジュースだと

$\boxed{5} \div 1 = \boxed{5}$　　コップの数は

5こ

② 1dLのジュースだと

$\boxed{1} \div 1 = \boxed{1}$　　　　　　1こ

② 次の計算をしましょう。

① $6 \div 1 = 6$　　　　② $9 \div 1 = 9$
③ $4 \div 1 = 4$　　　　④ $5 \div 1 = 5$
⑤ $3 \div 1 = 3$　　　　⑥ $8 \div 1 = 8$

③ 次の計算をしましょう。

① $0 \div 1 = 0$　　　　② $8 \div 4 = 2$
③ $3 \div 3 = 1$　　　　④ $3 \div 1 = 3$
⑤ $6 \div 2 = 3$　　　　⑥ $4 \div 2 = 2$
⑦ $2 \div 2 = 1$　　　　⑧ $7 \div 1 = 7$
⑨ $0 \div 3 = 0$　　　　⑩ $9 \div 9 = 1$

29

わり算（あまりなし）⑦
30問練習

次の計算をしましょう。

① 14÷2＝7 　　② 24÷8＝3
③ 15÷5＝3 　　④ 64÷8＝8
⑤ 14÷7＝2 　　⑥ 0÷5＝0
⑦ 21÷7＝3 　　⑧ 12÷2＝6
⑨ 27÷3＝9 　　⑩ 6÷6＝1
⑪ 0÷4＝0 　　⑫ 72÷9＝8
⑬ 21÷3＝7 　　⑭ 0÷6＝0
⑮ 32÷8＝4 　　⑯ 49÷7＝7
⑰ 6÷2＝3 　　⑱ 42÷6＝7
⑲ 24÷3＝8 　　⑳ 2÷1＝2
㉑ 56÷7＝8 　　㉒ 12÷4＝3
㉓ 30÷5＝6 　　㉔ 9÷9＝1
㉕ 48÷6＝8 　　㉖ 36÷4＝9
㉗ 30÷6＝5 　　㉘ 4÷1＝4
㉙ 48÷8＝6 　　㉚ 28÷7＝4

わり算（あまりなし）⑧
30問練習

次の計算をしましょう。

① 40÷5＝8 　　② 0÷3＝0
③ 20÷4＝5 　　④ 54÷9＝6
⑤ 2÷2＝1 　　⑥ 0÷7＝0
⑦ 4÷4＝1 　　⑧ 9÷1＝9
⑨ 16÷8＝2 　　⑩ 35÷5＝7
⑪ 42÷7＝6 　　⑫ 24÷6＝4
⑬ 8÷2＝4 　　⑭ 15÷3＝5
⑮ 20÷5＝4 　　⑯ 81÷9＝9
⑰ 32÷4＝8 　　⑱ 63÷7＝9
⑲ 36÷9＝4 　　⑳ 3÷3＝1
㉑ 45÷9＝5 　　㉒ 28÷4＝7
㉓ 16÷2＝8 　　㉔ 36÷6＝6
㉕ 6÷3＝2 　　㉖ 54÷6＝9
㉗ 3÷1＝3 　　㉘ 45÷5＝9
㉙ 10÷2＝5 　　㉚ 0÷9＝0

わり算（あまりなし）⑨
30問練習

次の計算をしましょう。

① 15÷5＝3 　　② 64÷8＝8
③ 14÷7＝2 　　④ 27÷3＝9
⑤ 0÷5＝0 　　⑥ 21÷7＝3
⑦ 28÷4＝7 　　⑧ 18÷9＝2
⑨ 45÷5＝9 　　⑩ 8÷8＝1
⑪ 36÷6＝6 　　⑫ 0÷8＝0
⑬ 2÷1＝2 　　⑭ 24÷6＝4
⑮ 15÷3＝5 　　⑯ 42÷7＝6
⑰ 12÷4＝3 　　⑱ 56÷7＝8
⑲ 40÷8＝5 　　⑳ 24÷4＝6
㉑ 40÷5＝8 　　㉒ 9÷1＝9
㉓ 36÷9＝4 　　㉔ 0÷3＝0
㉕ 14÷7＝2 　　㉖ 24÷3＝8
㉗ 16÷4＝4 　　㉘ 48÷8＝6
㉙ 30÷5＝6 　　㉚ 36÷4＝9

わり算（あまりなし）⑩
30問練習

次の計算をしましょう。

① 0÷2＝0 　　② 10÷5＝2
③ 2÷2＝1 　　④ 0÷7＝0
⑤ 1÷1＝1 　　⑥ 72÷8＝9
⑦ 49÷7＝7 　　⑧ 72÷9＝8
⑨ 32÷8＝4 　　⑩ 21÷3＝7
⑪ 42÷6＝7 　　⑫ 28÷7＝4
⑬ 30÷6＝5 　　⑭ 4÷1＝4
⑮ 32÷4＝8 　　⑯ 6÷3＝2
⑰ 7÷7＝1 　　⑱ 4÷2＝2
⑲ 18÷6＝3 　　⑳ 12÷3＝4
㉑ 9÷1＝9 　　㉒ 16÷8＝2
㉓ 35÷7＝5 　　㉔ 54÷9＝6
㉕ 20÷4＝5 　　㉖ 18÷3＝6
㉗ 0÷3＝0 　　㉘ 40÷5＝8
㉙ 4÷4＝1 　　㉚ 20÷5＝4

わり算（あまりなし）⑪
40問練習

次の計算をしましょう。

① $64 \div 8 = 8$　② $12 \div 2 = 6$　③ $48 \div 6 = 8$

④ $27 \div 3 = 9$　⑤ $48 \div 8 = 6$　⑥ $30 \div 5 = 6$

⑦ $4 \div 2 = 2$　⑧ $30 \div 6 = 5$　⑨ $21 \div 3 = 7$

⑩ $12 \div 3 = 4$　⑪ $6 \div 1 = 6$　⑫ $15 \div 5 = 3$

⑬ $36 \div 9 = 4$　⑭ $63 \div 7 = 9$　⑮ $20 \div 5 = 4$

⑯ $14 \div 7 = 2$　⑰ $24 \div 8 = 3$　⑱ $25 \div 5 = 5$

⑲ $72 \div 9 = 8$　⑳ $6 \div 6 = 1$　㉑ $9 \div 3 = 3$

㉒ $12 \div 4 = 3$　㉓ $56 \div 7 = 8$　㉔ $8 \div 2 = 4$

㉕ $2 \div 1 = 2$　㉖ $24 \div 6 = 4$　㉗ $0 \div 9 = 0$

㉘ $1 \div 1 = 1$　㉙ $8 \div 4 = 2$　㉚ $0 \div 6 = 0$

㉛ $27 \div 9 = 3$　㉜ $8 \div 1 = 8$　㉝ $18 \div 2 = 9$

㉞ $35 \div 5 = 7$　㉟ $0 \div 8 = 0$　㊱ $36 \div 6 = 6$

㊲ $45 \div 9 = 5$　㊳ $16 \div 2 = 8$　㊴ $28 \div 4 = 7$

㊵ $18 \div 9 = 2$

34

わり算（あまりなし）⑫
40問練習

次の計算をしましょう。

① $24 \div 4 = 6$　② $63 \div 9 = 7$　③ $0 \div 2 = 0$

④ $10 \div 5 = 2$　⑤ $9 \div 9 = 1$　⑥ $21 \div 7 = 3$

⑦ $36 \div 4 = 9$　⑧ $0 \div 7 = 0$　⑨ $2 \div 2 = 1$

⑩ $35 \div 7 = 5$　⑪ $18 \div 3 = 6$　⑫ $4 \div 4 = 1$

⑬ $16 \div 8 = 2$　⑭ $20 \div 4 = 5$　⑮ $40 \div 5 = 8$

⑯ $9 \div 1 = 9$　⑰ $54 \div 9 = 6$　⑱ $0 \div 3 = 0$

⑲ $24 \div 3 = 8$　⑳ $5 \div 5 = 1$　㉑ $3 \div 1 = 3$

㉒ $54 \div 6 = 9$　㉓ $3 \div 3 = 1$　㉔ $81 \div 9 = 9$

㉕ $56 \div 8 = 7$　㉖ $42 \div 7 = 6$　㉗ $15 \div 3 = 5$

㉘ $45 \div 9 = 5$　㉙ $0 \div 1 = 0$　㉚ $7 \div 1 = 7$

㉛ $48 \div 6 = 8$　㉜ $16 \div 4 = 4$　㉝ $18 \div 6 = 3$

㉞ $6 \div 3 = 2$　㉟ $32 \div 4 = 8$　㊱ $28 \div 7 = 4$

㊲ $0 \div 6 = 0$　㊳ $7 \div 7 = 1$　㊴ $10 \div 2 = 5$

㊵ $45 \div 5 = 9$

35

わり算（あまりなし）⑬
50問練習

次の計算をしましょう。

① $15 \div 3 = 5$　② $36 \div 9 = 4$　③ $18 \div 3 = 6$

④ $27 \div 9 = 3$　⑤ $8 \div 4 = 2$　⑥ $21 \div 3 = 7$

⑦ $28 \div 4 = 7$　⑧ $54 \div 9 = 6$　⑨ $6 \div 6 = 1$

⑩ $12 \div 2 = 6$　⑪ $24 \div 8 = 3$　⑫ $14 \div 2 = 7$

⑬ $42 \div 7 = 6$　⑭ $30 \div 6 = 5$　⑮ $0 \div 2 = 0$

⑯ $6 \div 3 = 2$　⑰ $42 \div 6 = 7$　⑱ $35 \div 5 = 7$

⑲ $20 \div 4 = 5$　⑳ $18 \div 9 = 2$　㉑ $36 \div 6 = 6$

㉒ $2 \div 1 = 2$　㉓ $18 \div 6 = 3$　㉔ $7 \div 7 = 1$

㉕ $3 \div 1 = 3$　㉖ $64 \div 8 = 8$　㉗ $36 \div 4 = 9$

㉘ $27 \div 3 = 9$　㉙ $32 \div 4 = 8$　㉚ $4 \div 1 = 4$

㉛ $49 \div 7 = 7$　㉜ $32 \div 8 = 4$　㉝ $6 \div 2 = 3$

㉞ $21 \div 7 = 3$　㉟ $0 \div 1 = 0$　㊱ $54 \div 6 = 9$

㊲ $1 \div 1 = 1$　㊳ $48 \div 6 = 8$　㊴ $7 \div 1 = 7$

㊵ $56 \div 7 = 8$　㊶ $8 \div 8 = 1$　㊷ $24 \div 3 = 8$

㊸ $4 \div 2 = 2$　㊹ $72 \div 9 = 8$　㊺ $63 \div 7 = 9$

㊻ $8 \div 2 = 4$　㊼ $35 \div 7 = 5$　㊽ $0 \div 9 = 0$

㊾ $18 \div 2 = 9$　㊿ $30 \div 5 = 6$

36

わり算（あまりなし）⑭
50問練習

次の計算をしましょう。

① $14 \div 2 = 7$　② $42 \div 7 = 6$　③ $30 \div 6 = 5$

④ $7 \div 1 = 7$　⑤ $56 \div 7 = 8$　⑥ $8 \div 8 = 1$

⑦ $24 \div 3 = 8$　⑧ $15 \div 3 = 5$　⑨ $0 \div 7 = 0$

⑩ $10 \div 2 = 5$　⑪ $24 \div 6 = 4$　⑫ $12 \div 4 = 3$

⑬ $14 \div 7 = 2$　⑭ $12 \div 3 = 4$　⑮ $5 \div 1 = 5$

⑯ $28 \div 7 = 4$　⑰ $63 \div 9 = 7$　⑱ $9 \div 9 = 1$

⑲ $45 \div 5 = 9$　⑳ $9 \div 3 = 3$　㉑ $8 \div 1 = 8$

㉒ $2 \div 2 = 1$　㉓ $36 \div 6 = 6$　㉔ $18 \div 2 = 9$

㉕ $0 \div 3 = 0$　㉖ $30 \div 5 = 6$　㉗ $81 \div 9 = 9$

㉘ $4 \div 4 = 1$　㉙ $40 \div 5 = 8$　㉚ $6 \div 1 = 6$

㉛ $35 \div 7 = 5$　㉜ $16 \div 2 = 8$　㉝ $3 \div 3 = 1$

㉞ $16 \div 8 = 2$　㉟ $40 \div 8 = 5$　㊱ $16 \div 4 = 4$

㊲ $48 \div 8 = 6$　㊳ $0 \div 4 = 0$　㊴ $56 \div 8 = 7$

㊵ $45 \div 9 = 5$　㊶ $0 \div 5 = 0$　㊷ $72 \div 8 = 9$

㊸ $0 \div 6 = 0$　㊹ $9 \div 1 = 9$　㊺ $6 \div 6 = 1$

㊻ $63 \div 7 = 9$　㊼ $8 \div 2 = 4$　㊽ $0 \div 8 = 0$

㊾ $12 \div 6 = 2$　㊿ $24 \div 4 = 6$

37

9

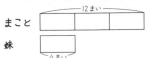

わり算（あまりなし）⑮
何倍かをもとめる

① まことさんはカードを12まい、妹は4まい持っています。まことさんの持っているカードは妹の何倍ですか。

まこと
妹

式　$12 \div 4 = \boxed{3}$

答え　　3倍

何倍かをもとめるときは、わり算を使います。

② 1組の3月生まれの人は6人、2組では3人です。
1組の3月生まれの人は、2組の何倍ですか。

式　$6 \div 3 = 2$

答え　　2倍

③ りょう子さんはシールを18まい持っています。ひろ子さんは6まいです。
りょう子さんのシールは、ひろ子さんの何倍ですか。

式　$18 \div 6 = 3$

答え　　3倍

38

わり算（あまりなし）⑯
何倍かをもとめる

① 豆つまみをしました。じゅんやさんは24こ、弟は8こ取りました。じゅんやさんは、弟の何倍取りましたか。

式　$24 \div 8 = 3$

答え　　3倍

② 大きい水とうは8dL、小さい水とうは2dLの水が入ります。大きい水とうは、小さい水とうの何倍入りますか。

式　$8 \div 2 = 4$

答え　　4倍

③ 黄色のリボンは72cm、赤色のリボンは9cmです。
黄色のリボンは、赤色のリボンの何倍ですか。

式　$72 \div 9 = 8$

答え　　8倍

④ りささんはビー玉を5こ、お兄さんは15こ持っています。
お兄さんは、りささんの何倍ビー玉を持っていますか。

式　$15 \div 5 = 3$

答え　　3倍

⑤ カルタをしました。みゆきさんは20まい、妹は5まい取りました。みゆきさんは、妹の何倍取りましたか。

式　$20 \div 5 = 4$

答え　　4倍

39

まとめテスト　　月　日　名前

まとめ③
わり算（あまりなし）
/50点

① 12このみかんを3人で同じ数ずつ分けます。

① みかんを○で表して、右の◯◯の中で分けましょう。　（4点）

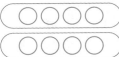

② 1人分は何こになりますか。　（式2点、答え2点／4点）

式　$12 \div 3 = 4$

答え　　4こ

② 次の計算をしましょう。　（各3点／42点）

① $42 \div 7 = 6$　　② $8 \div 8 = 1$

③ $9 \div 1 = 9$　　④ $36 \div 6 = 6$

⑤ $0 \div 4 = 0$　　⑥ $5 \div 5 = 1$

⑦ $18 \div 6 = 3$　　⑧ $21 \div 7 = 3$

⑨ $40 \div 5 = 8$　　⑩ $81 \div 9 = 9$

⑪ $56 \div 8 = 7$　　⑫ $48 \div 8 = 6$

⑬ $32 \div 4 = 8$　　⑭ $28 \div 7 = 4$

40

まとめテスト　　月　日　名前

まとめ④
わり算（あまりなし）
/50点

① 長さ24mの白いロープと、長さ6mの赤いロープがあります。白いロープは、赤いロープの何倍ですか。　（式10点、答え10点／20点）

式　$24 \div 6 = 4$

答え　　4倍

② アサガオのたねを1つのはちに3つぶずつまきます。
27つぶまきましたが、はちが3はちのこっています。
はちは全部でいくつありますか。　（式10点、答え10点／20点）

式　$27 \div 3 = 9$
　　$9 + 3 = 12$

答え　　12はち

③ $24 \div 8$の問題をつくりましょう。　（10点）

（れい）
　いちごが24こあります。8人で
同じ数ずつ分けると、1人分は何こ
になりますか。

41

たし算 ①
文章題

① みんなで空きかんを拾いました。アルミかんを476こ、スチールかんを223こ拾いました。
拾った空きかんは全部で何こになりますか。

式　476＋223＝699

```
  4 7 6
+ 2 2 3
  6 9 9
```

答え　　699こ

② まどかさんは、筆箱と消しゴムを買いました。
筆箱は638円、消しゴムは53円です。両方でいくらになりますか。

式　638＋53＝691

```
  6 3 8
+   5 3
  6 9 1
```

答え　　691円

☆くり上がりに気をつけましょう

③ 325円のパイと550円のケーキを買いました。
代金は何円になりますか。

式　325＋550＝875

```
  3 2 5
+ 5 5 0
  8 7 5
```

答え　　875円

42

たし算 ②
文章題

① 花だんに、赤い花が517本、白い花が440本さきました。
さいた花は、合わせて何本ですか。

式　517＋440＝957

```
  5 1 7
+ 4 4 0
  9 5 7
```

答え　　957本

② ゆうたさんの学校には女子が245人、男子が267人います。全校生は何人ですか。

式　245＋267＝512

```
  2 4 5
+ 2 6 7
  5 1 2
```

答え　　512人

③ まさきさんの家から公園まで96m、公園から学校まで647mあります。家から公園を通って学校までは、何mですか。

式　96＋647＝743

```
    9 6
+ 6 4 7
  7 4 3
```

答え　　743m

43

たし算 ③
筆算（くり上がりなし）

次の計算をしましょう。

①
```
  4 7 0
+ 4 2 0
  8 9 0
```
②
```
  2 5 6
+ 4 3 1
  6 8 7
```
③
```
  1 3 8
+ 7 6 0
  8 9 8
```

④
```
  2 0 1
+ 5 9 2
  7 9 3
```
⑤
```
  6 1 2
+ 1 4 3
  7 5 5
```
⑥
```
  3 3 5
+ 2 0 4
  5 3 9
```

⑦
```
  2 5 4
+ 2 1 3
  4 6 7
```
⑧
```
  1 1 3
+ 4 7 3
  5 8 6
```
⑨
```
  2 1 2
+ 1 8 6
  3 9 8
```

⑩
```
  4 6 1
+ 2 2 8
  6 8 9
```
⑪
```
  1 5 7
+ 1 1 0
  2 6 7
```
⑫
```
  3 2 6
+ 1 2 3
  4 4 9
```

⑬
```
  1 2 3
+ 8 7 4
  9 9 7
```
⑭
```
  2 3 1
+ 5 2 6
  7 5 7
```
⑮
```
  6 1 4
+ 1 2 5
  7 3 9
```

44

たし算 ④
筆算（くり上がり1回）

次の計算をしましょう。

①
```
  4 7 7
+ 2 1 4
  6 9 1
```
②
```
  2 4 8
+ 1 1 2
  3 6 0
```
③
```
  5 2 1
+ 2 5 9
  7 8 0
```

④
```
  1 0 9
+ 5 6 5
  6 7 4
```
⑤
```
  3 2 6
+ 2 6 6
  5 9 2
```
⑥
```
  1 1 3
+ 7 5 8
  8 7 1
```

⑦
```
  2 7 9
+ 1 3 0
  4 0 9
```
⑧
```
  2 8 2
+ 1 9 2
  4 7 4
```
⑨
```
  1 5 3
+ 1 5 3
  3 0 6
```

⑩
```
  1 3 2
+ 2 7 6
  4 0 8
```
⑪
```
  1 6 7
+ 1 9 2
  3 5 9
```
⑫
```
  4 8 6
+ 4 5 1
  9 3 7
```

⑬
```
  5 3 4
+ 4 4 6
  9 8 0
```
⑭
```
  1 3 6
+ 3 5 7
  4 9 3
```
⑮
```
  5 1 9
+ 2 3 3
  7 5 2
```

45

11

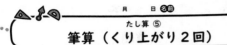

月　日　名前

筆算（くり上がり2回） たし算⑤

次の計算をしましょう。

① 786 + 184 = 970
② 589 + 263 = 852
③ 145 + 676 = 821
④ 394 + 219 = 613
⑤ 324 + 188 = 512
⑥ 152 + 459 = 611
⑦ 447 + 273 = 720
⑧ 267 + 457 = 724
⑨ 669 + 159 = 828
⑩ 638 + 273 = 911
⑪ 467 + 368 = 835
⑫ 296 + 185 = 481
⑬ 194 + 526 = 720
⑭ 687 + 126 = 813
⑮ 289 + 337 = 626

46

月　日　名前

筆算（くりくり上がり） たし算⑥

次の計算をしましょう。

① 329 + 573 = 902
② 447 + 158 = 605
③ 149 + 451 = 600
④ 736 + 169 = 905
⑤ 678 + 226 = 904
⑥ 456 + 344 = 800
⑦ 284 + 118 = 402
⑧ 349 + 155 = 504
⑨ 203 + 297 = 500
⑩ 527 + 374 = 901
⑪ 505 + 198 = 703
⑫ 587 + 216 = 803
⑬ 318 + 183 = 501
⑭ 169 + 238 = 407
⑮ 224 + 277 = 501

47

月　日　名前

4けたのたし算 たし算⑦

次の計算をしましょう。

① 3238 + 2221 = 5459
② 2366 + 4613 = 6979
③ 5662 + 2210 = 7872
④ 8447 + 1422 = 9869
⑤ 1421 + 7219 = 8640
⑥ 4519 + 4232 = 8751
⑦ 6636 + 1093 = 7729
⑧ 7380 + 2066 = 9446
⑨ 5578 + 3510 = 9088
⑩ 2686 + 6902 = 9588

48

月　日　名前

4けたのたし算 たし算⑧

次の計算をしましょう。

① 2842 + 7358 = 10200
② 8207 + 7297 = 15504
③ 3598 + 6409 = 10007
④ 5992 + 4009 = 10001
⑤ 6967 + 3365 = 10332
⑥ 8639 + 4397 = 13036
⑦ 3721 + 7489 = 11210
⑧ 8666 + 1656 = 10322
⑨ 2563 + 7458 = 10021
⑩ 9632 + 6469 = 16101

49

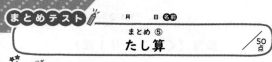

まとめ ⑤
たし算

/50点

🍎 次の計算をしましょう。

(各5点/50点)

①
```
   1 3 6
 + 7 6 0
   8 9 6
```

②
```
   1 5 3
 + 1 6 4
   3 1 7
```

③
```
   4 6 7
 + 3 6 9
   8 3 6
```

④
```
   1 6 9
 + 2 3 7
   4 0 6
```

⑤
```
     8 3
 + 2 1 6
   2 9 9
```

⑥
```
   3 0 8
 +   4 5
   3 5 3
```

⑦
```
   7 3 8 1
 + 2 0 6 3
   9 4 4 4
```

⑧
```
   2 8 4 2
 + 7 3 5 9
 1 0 2 0 1
```

⑨
```
     8 6 4
 + 1 1 3 7
   2 0 0 1
```

⑩
```
   3 5 4 0
 +   7 5 9
   4 2 9 9
```

50

まとめ ⑥
たし算

/50点

① 次の筆算でかくれた数を答えましょう。

(□1つ5点/20点)

①
```
   2 9 6
 + 3 5 7
   6 5 3
```

②
```
   4 3 2 8
 + 1 0 8 3
   5 4 1 1
```

② まりさんの学校の1〜3学年は187人で、4〜6学年は214人です。全校で何人ですか。

(式5点、答え10点/15点)

式 187+214=401

```
   1 8 7
 + 2 1 4
   4 0 1
```

答え 401人

③ 遊園地の入場者数は、今日が5643人、きのうは2898人でした。2日間合わせると何人ですか。

(式5点、答え10点/15点)

式 5643+2898=8541

```
   5 6 4 3
 + 2 8 9 8
   8 5 4 1
```

答え 8541人

51

ひき算 ①
文章題

① 3年1組で育てた落花生が476こ取れました。そのうち231こ食べました。のこりは何こですか。

式 476−231=245

```
   4 7 6
 − 2 3 1
   2 4 5
```

答え 245こ

② こうたさんは絵葉書を374まい、切手を338まい持っています。絵葉書に切手を1まいずつはりました。切手をはっていない絵葉書は何まいですか。

式 374−338=36

```
   3 7 4
 − 3 3 8
     3 6
```

答え 36まい

☆くり下がりに気をつけましょう

③ えみ子さんは、500円持って買い物に行き、378円の本を買いました。今、何円持っていますか。

式 500−378=122

```
   5 0 0
 − 3 7 8
   1 2 2
```

答え 122円

52

ひき算 ②
文章題

① 遊園地には、603人のお客さんがいます。そのうち、大人は242人です。子どもは何人ですか。

式 603−242=361

```
   6 0 3
 − 2 4 2
   3 6 1
```

答え 361人

② けんじさんは500円玉を1まい持っておかしを買いに行きました。298円のチョコレートを買いました。おつりはいくらになりますか。

式 500−298=202

```
   5 0 0
 − 2 9 8
   2 0 2
```

答え 202円

③ 405このビー玉があります。そのうち87こはとうめいです。とうめいでないビー玉は何こですか。

式 405−87=318

```
   4 0 5
 −   8 7
   3 1 8
```

答え 318こ

53

13

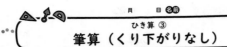

ひき算 ③
筆算（くり下がりなし）

次の計算をしましょう。

① 694 − 133 = 561	② 936 − 415 = 521	③ 475 − 345 = 130
④ 568 − 325 = 243	⑤ 937 − 707 = 230	⑥ 396 − 123 = 273
⑦ 931 − 520 = 411	⑧ 259 − 140 = 119	⑨ 856 − 212 = 644
⑩ 757 − 426 = 331	⑪ 483 − 253 = 230	⑫ 809 − 105 = 704
⑬ 484 − 172 = 312	⑭ 892 − 400 = 492	⑮ 765 − 143 = 622

ひき算 ④
筆算（くり下がり１回）

次の計算をしましょう。

① 687 − 358 = 329	② 284 − 128 = 156	③ 690 − 317 = 373
④ 713 − 508 = 205	⑤ 624 − 219 = 405	⑥ 725 − 117 = 608
⑦ 284 − 126 = 158	⑧ 876 − 747 = 129	⑨ 380 − 139 = 241
⑩ 866 − 173 = 693	⑪ 537 − 164 = 373	⑫ 747 − 191 = 556
⑬ 527 − 245 = 282	⑭ 335 − 182 = 153	⑮ 407 − 152 = 255

ひき算 ⑤
筆算（くり下がり２回）

次の計算をしましょう。

① 812 − 137 = 675	② 431 − 295 = 136	③ 837 − 659 = 178
④ 564 − 395 = 169	⑤ 621 − 174 = 447	⑥ 742 − 147 = 595
⑦ 831 − 344 = 487	⑧ 532 − 256 = 276	⑨ 310 − 175 = 135
⑩ 772 − 695 = 77	⑪ 940 − 893 = 47	⑫ 326 − 289 = 37
⑬ 621 − 583 = 38	⑭ 515 − 456 = 59	⑮ 484 − 398 = 86

ひき算 ⑥
筆算（くりくり下がり）

次の計算をしましょう。

① 607 − 358 = 249	② 901 − 289 = 612	③ 800 − 173 = 627
④ 703 − 548 = 155	⑤ 408 − 159 = 249	⑥ 501 − 226 = 275
⑦ 902 − 765 = 137	⑧ 504 − 116 = 388	⑨ 608 − 289 = 319
⑩ 407 − 349 = 58	⑪ 702 − 647 = 55	⑫ 505 − 428 = 77
⑬ 900 − 883 = 17	⑭ 706 − 667 = 39	⑮ 401 − 354 = 47

ひき算 ⑦
4けたのひき算

次の計算をしましょう。

①
```
  4128
- 2106
  2022
```

②
```
  6278
- 1057
  5221
```

③
```
  7236
- 5168
  2068
```

④
```
  8165
- 3088
  5077
```

⑤
```
  9363
- 6276
  3087
```

⑥
```
  3453
- 1267
  2186
```

⑦
```
  7342
- 4518
  2824
```

⑧
```
  5658
- 2719
  2939
```

⑨
```
  5171
- 4737
   434
```

⑩
```
  8563
- 7645
   918
```

58

ひき算 ⑧
4けたのひき算

次の計算をしましょう。

①
```
  8967
- 4103
  4864
```

②
```
  8953
- 8536
   417
```

③
```
  7192
- 1234
  5958
```

④
```
  5852
-  528
  5324
```

⑤
```
  9634
- 2177
  7457
```

⑥
```
  6151
- 4581
  1570
```

⑦
```
  3387
-  921
  2466
```

⑧
```
  2726
- 1506
  1220
```

⑨
```
  6284
- 2039
  4245
```

⑩
```
  7146
- 4783
  2363
```

59

まとめテスト

まとめ ⑦
ひき算

／50点

次の計算をしましょう。

(各5点／50点)

①
```
  694
- 131
  563
```

②
```
  284
- 126
  158
```

③
```
  431
- 296
  135
```

④
```
  532
- 454
   78
```

⑤
```
  807
- 228
  579
```

⑥
```
  900
- 675
  225
```

⑦
```
  4128
- 2107
  2021
```

⑧
```
  6151
- 4681
  1470
```

⑨
```
  8562
-  483
  8079
```

⑩
```
  3385
-  628
  2757
```

60

まとめテスト

まとめ ⑧
ひき算

／50点

① 次の筆算でかくれた数を答えましょう。

(□1つ5点／20点)

①
```
  571
- 275
  296
```
(7 と 6 が囲み)

②
```
  9277
- 6195
  3082
```
(2 と 9 が囲み)

② ゆうかさんの学校の子どもは 514 人です。そのうち女子は 258 人です。男子は何人ですか。

(式5点、答え10点／15点)

式 514－258＝256

```
  514
- 258
  256
```

答え　256人

③ くつを買いに行きました。赤は 6520 円、黒は 6345 円です。どちらがどれだけ高いですか。

(式5点、答え10点／15点)

式 6520－6345＝175

```
  6520
- 6345
   175
```

答え　赤が 175円高い

61

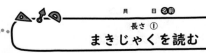

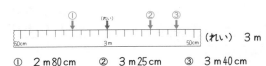

長さ① まきじゃくを読む

次の↓の目もりを読みましょう。

① $\boxed{2}$ m $\boxed{30}$ cm

② $\boxed{7}$ m $\boxed{75}$ cm

③ $\boxed{4}$ m $\boxed{90}$ cm

④ $\boxed{11}$ m $\boxed{65}$ cm

⑤ $\boxed{68}$ cm

62

長さ② 長さの計算

① ①〜③の長さを、まきじゃくに↓でかきましょう。

① 2 m 80 cm　② 3 m 25 cm　③ 3 m 40 cm

② 次の計算をしましょう。

① 60 cm＋40 cm＝100 cm＝1 m

② 1 m－20 cm＝100 cm－20 cm＝80 cm

③ 5 m 30 cm＋70 cm＝5 m 100 cm＝6 m

④ 1 m 60 cm－80 cm＝160 cm－80 cm＝80 cm

⑤ 11 m 35 cm＋85 cm＝11 m 120 cm＝12 m 20 cm

⑥ 7 m－1 m 90 cm＝6 m 100 cm－1 m 90 cm
　　　　　　　＝5 m 10 cm

⑦ 1 m 50 cm＋1 m 50 cm＝2 m 100 cm＝3 m

⑧ 10 m 25 cm－7 m 85 cm＝9 m 125 cm－7 m 85 cm
　　　　　　　　　　　＝2 m 40 cm

63

長さ③ km（キロメートル）

長さのたんい…キロメートル

道にそってはかった長さを 道のり といいます。
また、まっすぐにはかった長さを きょり といいます。
道のりやきょりなどを表すときの長さのたんいに
km（キロメートル）があります。
1 kmは1000mです。（1 km＝1000 m）

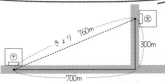

① km（キロメートル）のかき方を練習しましょう。

km km km km km km km

② □にあてはまることばや数を入れましょう。

① 道にそってはかった長さを 道のり といいます。

② まっすぐにはかった長さを きょり といいます。

③ 3 kmは 3000 mです。

④ 6000 mは 6 kmです。

64

長さ④ 長さの計算など

① 次の計算をしましょう。

① 2 km＋7 km＝9 km

② 300 m＋700 m＝1000 m＝1 km

③ 23 km－8 km＝15 km

④ 1 km－600 m＝1000 m－600 m＝400 m

② （　）のたんいに直しましょう。

① 5 km　（ 5000 m）

② 6000 m　（ 6 km）

③ 7 m　（ 700 cm）

④ 200 cm　（ 2 m）

⑤ 8 cm　（ 80 mm）

⑥ 40 mm　（ 4 cm）

⑦ 3 km 400 m　（ 3400 m）

⑧ 7200 m　（ 7 km 200 m）

65

　　　　月　　日 名前

まとめ ⑨
長さ
/50点

① まきじゃくの㋐〜㋓の目もりを読みましょう。 (各5点/20点)

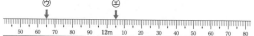

㋐ （ 50cm ） ㋑ （ 1m10cm ）
㋒ （ 11m65cm ） ㋓ （ 12m 5cm ）

② 次の□にあてはまる数をかきましょう。 (各5点/30点)

① 4km= 4000 m

② 7000m= 7 km

③ 3400m= 3 km 400 m

④ 2m= 200 cm

⑤ 4cm= 40 mm

⑥ 800cm= 8 m

66

　　　　月　　日 名前

まとめ ⑩
長さ
/50点

① （ ）にあてはまる長さのたんいをかきましょう。 (各5点/20点)

① ノートのあつさ 5（ mm ）

② 家から学校までの道のり 2（ km ）

③ つくえのたての長さ 45（ cm ）

④ 運動場のトラック1しゅう 160（ m ）

② 次の計算をしましょう。 (各5点/30点)

① 50cm+50cm= 100cm = 1 m

② 1m−20cm= 100cm − 20cm = 80cm

③ 1m30cm−50cm= 130cm − 50cm = 80cm

④ 4km+5km= 9 km

⑤ 400m+600m= 1000m = 1 km

⑥ 5m+5m= 10m = 1000 cm

67

わり算（あまりあり）①
等分除

◯ 17このチョコレートを5人に同じ数ずつ配ります。1人に何こ配れて、何こあまりますか。

① 式をかきましょう。

$17 ÷ 5$

② 17このチョコレートを5つの皿に配ります。

|①⑥⑪|②⑦⑫|③⑧⑬|④⑨⑭|⑤⑩⑮|
⑯⑰…あまり

1人に 3 こずつで、 2 こあまる。

③ 式と答えをかきましょう。

式 $17 ÷ 5 = 3$ あまり 2

答え 1人 3 こで 2 こあまる

> 17÷5のように、あまりのあるときは「わり切れない」といいます。また、15÷5=3のように、あまりのないときは「わり切れる」といいます。

68

わり算（あまりあり）②
等分除

① 20このみかんを、3人に同じ数ずつ配ります。1人に何こ配れて、何こあまりますか。

式 20 ÷ 3

3 のだんの九九を使いましょう。

3×1=3
3×2=6
⋮
3× 6 =18
3×7=21

$20 ÷ 3 = 6$ あまり 2

答え 1人 6 こずつで 2 こあまる

② 15まいの色紙を4人で同じ数ずつ分けます。1人に何まいずつで、何まいあまりますか。

式 $15 ÷ 4 = 3 … 3$
（「…」は「あまり」を表します。）

4×1=4
4×2=8
⋮

答え 1人 3 まいずつで 3 まいあまる

69

17

わり算（あまりあり）③
包含除

① 13このキャラメルを1人3こずつ配ります。
何人に配ることができますか。

① 式をかきましょう。

$$\boxed{13} \div \boxed{3}$$

② 13このキャラメルを、3こずつ線でかこみましょう。

$\boxed{4}$ 人に配れて $\boxed{1}$ こあまる。

③ 式と答えをかきましょう。

式　$\boxed{13} \div \boxed{3} = \boxed{4}$ あまり $\boxed{1}$

答え　4人に配れて　1こあまる

わり算（あまりあり）④
包含除

① 花が32本あります。6本ずつ花たばにすると、何たばできて、何本あまりますか。

式　$\boxed{32} \div \boxed{6}$

$\boxed{6}$ のだんの九九を使いましょう。

$6 \times 1 = 6$
$6 \times 2 = 12$
　　$\vdots$
$6 \times \boxed{5} = 30$　　$\boxed{32} \div \boxed{6} = \boxed{5}$ あまり $\boxed{2}$
$6 \times 6 = 36$

答え　5たばできて　2本あまる

② 58cmのテープがあります。8cmずつ切ると、何本取れて、何cmあまりますか。

式　$\boxed{58} \div \boxed{8} = \boxed{7} \cdots \boxed{2}$

（「…」は「あまり」を表します。）

$8 \times 1 = 8$
$8 \times 2 = 16$
　　$\vdots$

答え　7本取れて　2cmあまる

わり算（あまりあり）⑤
わる数とあまりの大きさ

① 2でわるわり算をならべました。□にあてはまる数をかきましょう。

$10 \div 2 = 5$
$11 \div 2 = 5$ あまり $\boxed{1}$
$12 \div 2 = 6$
$13 \div 2 = 6$ あまり $\boxed{1}$

2のわり算では、あまりは1でした。

② 3でわるわり算をならべました。□にあてはまる数をかきましょう。

$10 \div 3 = 3$ あまり 1
$11 \div 3 = 3$ あまり $\boxed{2}$
$12 \div 3 = 4$
$13 \div 3 = 4$ あまり $\boxed{1}$
$14 \div 3 = 4$ あまり $\boxed{2}$

3のわり算では、あまりは1と2でした。

わり算（あまりあり）⑥
わる数とあまりの大きさ

① 4でわるわり算をならべました。□にあてはまる数をかきましょう。

$13 \div 4 = 3$ あまり 1
$14 \div 4 = 3$ あまり $\boxed{2}$
$15 \div 4 = 3$ あまり $\boxed{3}$
$16 \div 4 = 4$
$17 \div 4 = 4$ あまり $\boxed{1}$
$18 \div 4 = 4$ あまり $\boxed{2}$
$19 \div 4 = 4$ あまり $\boxed{3}$
$20 \div 4 = 5$

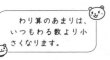

わり算のあまりは、いつもわる数より小さくなります。

② 次のわり算の、答えのまちがいを直しましょう。

① $37 \div 4 = 8$ あまり5　→　9あまり1

② $18 \div 5 = 2$ あまり8　→　3あまり3

③ $29 \div 3 = 8$ あまり5　→　9あまり2

④ $63 \div 7 = 8$ あまり7　→　9

わり算（あまりあり）⑦
くり下がりなし（30問練習）

次の計算をしましょう。（…はあまりを 表 す）

① $55 \div 9 = 6 \cdots 1$ 　② $8 \div 7 = 1 \cdots 1$

③ $24 \div 5 = 4 \cdots 4$ 　④ $15 \div 6 = 2 \cdots 3$

⑤ $25 \div 4 = 6 \cdots 1$ 　⑥ $33 \div 4 = 8 \cdots 1$

⑦ $33 \div 6 = 5 \cdots 3$ 　⑧ $21 \div 4 = 5 \cdots 1$

⑨ $33 \div 8 = 4 \cdots 1$ 　⑩ $9 \div 5 = 1 \cdots 4$

⑪ $64 \div 7 = 9 \cdots 1$ 　⑫ $56 \div 6 = 9 \cdots 2$

⑬ $87 \div 9 = 9 \cdots 6$ 　⑭ $45 \div 7 = 6 \cdots 3$

⑮ $46 \div 6 = 7 \cdots 4$ 　⑯ $38 \div 5 = 7 \cdots 3$

⑰ $29 \div 3 = 9 \cdots 2$ 　⑱ $7 \div 2 = 3 \cdots 1$

⑲ $19 \div 9 = 2 \cdots 1$ 　⑳ $58 \div 7 = 8 \cdots 2$

㉑ $78 \div 9 = 8 \cdots 6$ 　㉒ $3 \div 8 = 0 \cdots 3$

㉓ $57 \div 6 = 9 \cdots 3$ 　㉔ $42 \div 5 = 8 \cdots 2$

㉕ $79 \div 8 = 9 \cdots 7$ 　㉖ $44 \div 7 = 6 \cdots 2$

㉗ $25 \div 6 = 4 \cdots 1$ 　㉘ $14 \div 5 = 2 \cdots 4$

㉙ $13 \div 3 = 4 \cdots 1$ 　㉚ $57 \div 9 = 6 \cdots 3$

わり算（あまりあり）⑧
くり下がりなし（30問練習）

次の計算をしましょう。

① $28 \div 9 = 3 \cdots 1$ 　② $68 \div 7 = 9 \cdots 5$

③ $27 \div 6 = 4 \cdots 3$ 　④ $21 \div 5 = 4 \cdots 1$

⑤ $4 \div 3 = 1 \cdots 1$ 　⑥ $11 \div 5 = 2 \cdots 1$

⑦ $8 \div 9 = 0 \cdots 8$ 　⑧ $48 \div 5 = 9 \cdots 3$

⑨ $84 \div 9 = 9 \cdots 3$ 　⑩ $37 \div 8 = 4 \cdots 5$

⑪ $6 \div 4 = 1 \cdots 2$ 　⑫ $11 \div 2 = 5 \cdots 1$

⑬ $29 \div 6 = 4 \cdots 5$ 　⑭ $42 \div 8 = 5 \cdots 2$

⑮ $56 \div 9 = 6 \cdots 2$ 　⑯ $68 \div 9 = 7 \cdots 5$

⑰ $59 \div 7 = 8 \cdots 3$ 　⑱ $19 \div 6 = 3 \cdots 1$

⑲ $46 \div 9 = 5 \cdots 1$ 　⑳ $2 \div 6 = 0 \cdots 2$

㉑ $14 \div 4 = 3 \cdots 2$ 　㉒ $76 \div 8 = 9 \cdots 4$

㉓ $17 \div 7 = 2 \cdots 3$ 　㉔ $64 \div 9 = 7 \cdots 1$

㉕ $17 \div 8 = 2 \cdots 1$ 　㉖ $15 \div 6 = 2 \cdots 3$

㉗ $22 \div 4 = 5 \cdots 2$ 　㉘ $16 \div 3 = 5 \cdots 1$

㉙ $86 \div 9 = 9 \cdots 5$ 　㉚ $24 \div 7 = 3 \cdots 3$

わり算（あまりあり）⑨
くり下がりなし（30問練習）

次の計算をしましょう。

① $82 \div 9 = 9 \cdots 1$ 　② $22 \div 7 = 3 \cdots 1$

③ $66 \div 8 = 8 \cdots 2$ 　④ $57 \div 6 = 9 \cdots 3$

⑤ $25 \div 4 = 6 \cdots 1$ 　⑥ $14 \div 5 = 2 \cdots 4$

⑦ $8 \div 3 = 2 \cdots 2$ 　⑧ $76 \div 9 = 8 \cdots 4$

⑨ $36 \div 8 = 4 \cdots 4$ 　⑩ $45 \div 7 = 6 \cdots 3$

⑪ $27 \div 6 = 4 \cdots 3$ 　⑫ $42 \div 5 = 8 \cdots 2$

⑬ $34 \div 4 = 8 \cdots 2$ 　⑭ $25 \div 3 = 8 \cdots 1$

⑮ $48 \div 9 = 5 \cdots 3$ 　⑯ $37 \div 7 = 5 \cdots 2$

⑰ $44 \div 8 = 5 \cdots 4$ 　⑱ $27 \div 5 = 5 \cdots 2$

⑲ $35 \div 6 = 5 \cdots 5$ 　⑳ $6 \div 4 = 1 \cdots 2$

㉑ $9 \div 2 = 4 \cdots 1$ 　㉒ $58 \div 9 = 6 \cdots 4$

㉓ $27 \div 8 = 3 \cdots 3$ 　㉔ $45 \div 6 = 7 \cdots 3$

㉕ $66 \div 7 = 9 \cdots 3$ 　㉖ $38 \div 5 = 7 \cdots 3$

㉗ $76 \div 8 = 9 \cdots 4$ 　㉘ $66 \div 9 = 7 \cdots 3$

㉙ $39 \div 6 = 6 \cdots 3$ 　㉚ $18 \div 5 = 3 \cdots 3$

わり算（あまりあり）⑩
くり下がりなし（30問練習）

次の計算をしましょう。

① $49 \div 9 = 5 \cdots 4$ 　② $28 \div 8 = 3 \cdots 4$

③ $39 \div 7 = 5 \cdots 4$ 　④ $56 \div 6 = 9 \cdots 2$

⑤ $41 \div 5 = 8 \cdots 1$ 　⑥ $11 \div 2 = 5 \cdots 1$

⑦ $26 \div 3 = 8 \cdots 2$ 　⑧ $47 \div 7 = 6 \cdots 5$

⑨ $33 \div 8 = 4 \cdots 1$ 　⑩ $78 \div 9 = 8 \cdots 6$

⑪ $4 \div 3 = 1 \cdots 1$ 　⑫ $22 \div 5 = 4 \cdots 2$

⑬ $68 \div 8 = 8 \cdots 4$ 　⑭ $19 \div 9 = 2 \cdots 1$

⑮ $32 \div 6 = 5 \cdots 2$ 　⑯ $12 \div 5 = 2 \cdots 2$

⑰ $68 \div 7 = 9 \cdots 5$ 　⑱ $18 \div 8 = 2 \cdots 2$

⑲ $47 \div 6 = 7 \cdots 5$ 　⑳ $85 \div 9 = 9 \cdots 4$

㉑ $16 \div 3 = 5 \cdots 1$ 　㉒ $59 \div 7 = 8 \cdots 3$

㉓ $68 \div 9 = 7 \cdots 5$ 　㉔ $29 \div 6 = 4 \cdots 5$

㉕ $17 \div 2 = 8 \cdots 1$ 　㉖ $15 \div 4 = 3 \cdots 3$

㉗ $5 \div 8 = 0 \cdots 5$ 　㉘ $29 \div 9 = 3 \cdots 2$

㉙ $19 \div 7 = 2 \cdots 5$ 　㉚ $25 \div 6 = 4 \cdots 1$

くり下がりなし（40問練習）

次の計算をしましょう。

① 8÷3=2…2　② 5÷9=0…5　③ 66÷7=9…3
④ 73÷9=8…1　⑤ 39÷8=4…7　⑥ 19÷7=2…5
⑦ 4÷5=0…4　⑧ 3÷7=0…3　⑨ 76÷9=8…4
⑩ 47÷5=9…2　⑪ 55÷9=6…1　⑫ 8÷7=1…1
⑬ 24÷5=4…4　⑭ 15÷6=2…3　⑮ 25÷4=6…1
⑯ 33÷4=8…1　⑰ 33÷6=5…3　⑱ 21÷4=5…1
⑲ 33÷8=4…1　⑳ 9÷5=1…4　㉑ 64÷7=9…1
㉒ 56÷6=9…2　㉓ 87÷9=9…6　㉔ 45÷7=6…3
㉕ 46÷6=7…4　㉖ 38÷5=7…3　㉗ 29÷3=9…2
㉘ 7÷2=3…1　㉙ 19÷9=2…1　㉚ 58÷7=8…2
㉛ 78÷9=8…6　㉜ 3÷8=0…3　㉝ 57÷6=9…3
㉞ 42÷5=8…2　㉟ 79÷8=9…7　㊱ 44÷7=6…2
㊲ 4÷6=0…4　㊳ 14÷5=2…4　㊴ 2÷3=0…2
㊵ 57÷9=6…3

くり下がりなし（40問練習）

次の計算をしましょう。

① 32÷6=5…2　② 73÷9=8…1　③ 11÷2=5…1
④ 45÷7=6…3　⑤ 26÷6=4…2　⑥ 49÷5=9…4
⑦ 29÷7=4…1　⑧ 3÷8=0…3　⑨ 57÷9=6…3
⑩ 26÷4=6…2　⑪ 1÷7=0…1　⑫ 19÷3=6…1
⑬ 23÷4=5…3　⑭ 57÷6=9…3　⑮ 75÷8=9…3
⑯ 67÷7=9…4　⑰ 21÷5=4…1　⑱ 42÷5=8…2
⑲ 6÷9=0…6　⑳ 69÷8=8…5　㉑ 27÷5=5…2
㉒ 76÷9=8…4　㉓ 41÷8=5…1　㉔ 69÷7=9…6
㉕ 37÷4=9…1　㉖ 22÷5=4…2　㉗ 67÷8=8…3
㉘ 33÷6=5…3　㉙ 68÷9=7…5　㉚ 8÷7=1…1
㉛ 45÷8=5…5　㉜ 4÷6=0…4　㉝ 38÷8=4…6
㉞ 4÷5=0…4　㉟ 87÷9=9…6　㊱ 43÷7=6…1
㊲ 55÷6=9…1　㊳ 3÷4=0…3　㊴ 59÷9=6…5
㊵ 13÷6=2…1

くり下がりなし（50問練習）

次の計算をしましょう。

① 27÷6=4…3　② 66÷9=7…3　③ 6÷4=1…2
④ 34÷8=4…2　⑤ 19÷5=3…4　⑥ 56÷6=9…2
⑦ 46÷9=5…1　⑧ 9÷2=4…1　⑨ 67÷9=7…4
⑩ 41÷5=8…1　⑪ 6÷8=0…6　⑫ 59÷6=9…5
⑬ 28÷3=9…1　⑭ 16÷5=3…1　⑮ 48÷7=6…6
⑯ 26÷8=3…2　⑰ 29÷5=5…4　⑱ 18÷7=2…4
⑲ 34÷5=6…4　⑳ 44÷6=7…2　㉑ 38÷8=4…6
㉒ 1÷3=0…1　㉓ 56÷9=6…2　㉔ 35÷8=4…3
㉕ 2÷6=0…2　㉖ 41÷8=5…1　㉗ 3÷5=0…3
㉘ 75÷9=8…3　㉙ 7÷8=0…7　㉚ 33÷5=6…3
㉛ 5÷9=0…5　㉜ 17÷3=5…2　㉝ 6÷7=0…6
㉞ 47÷8=5…7　㉟ 14÷5=2…4　㊱ 69÷7=9…6
㊲ 45÷6=7…3　㊳ 17÷4=4…1　㊴ 69÷8=8…5
㊵ 48÷5=9…3　㊶ 29÷9=3…2　㊷ 16÷7=2…2
㊸ 29÷4=7…1　㊹ 25÷8=3…1　㊺ 83÷9=9…2
㊻ 7÷5=1…2　㊼ 78÷8=9…6　㊽ 4÷7=0…4
㊾ 34÷6=5…4　㊿ 26÷7=3…5

くり下がりなし（50問練習）

次の計算をしましょう。

① 28÷6=4…4　② 64÷9=7…1　③ 46÷7=6…4
④ 73÷8=9…1　⑤ 8÷5=1…3　⑥ 49÷9=5…4
⑦ 34÷6=5…4　⑧ 14÷3=4…2　⑨ 2÷9=0…2
⑩ 33÷4=8…1　⑪ 58÷6=9…4　⑫ 66÷9=7…3
⑬ 46÷5=9…1　⑭ 56÷9=6…2　⑮ 1÷8=0…1
⑯ 37÷6=6…1　⑰ 58÷8=7…2　⑱ 76÷8=9…4
⑲ 5÷2=2…1　⑳ 18÷7=2…4　㉑ 23÷5=4…3
㉒ 46÷6=7…4　㉓ 37÷7=5…2　㉔ 3÷9=0…3
㉕ 37÷8=4…5　㉖ 25÷3=8…1　㉗ 4÷8=0…4
㉘ 31÷5=6…1　㉙ 79÷9=8…7　㉚ 7÷6=1…1
㉛ 47÷9=5…2　㉜ 49÷6=8…1　㉝ 89÷9=9…8
㉞ 19÷9=2…1　㉟ 38÷5=7…3　㊱ 15÷4=3…3
㊲ 29÷8=3…5　㊳ 32÷5=6…2　㊴ 17÷2=8…1
㊵ 39÷5=7…4　㊶ 7÷4=1…3　㊷ 43÷8=5…3
㊸ 19÷7=2…5　㊹ 84÷9=9…3　㊺ 64÷7=9…1
㊻ 39÷6=6…3　㊼ 43÷5=8…3　㊽ 18÷4=4…2
㊾ 78÷9=8…6　㊿ 65÷7=9…2

わり算（あまりあり）⑮
くり下がりあり（30問練習）

次の計算をしましょう。（…はあまりを表す）

① $62 \div 8 = 7 \cdots 6$ ② $31 \div 9 = 3 \cdots 4$
③ $54 \div 7 = 7 \cdots 5$ ④ $50 \div 8 = 6 \cdots 2$
⑤ $16 \div 9 = 1 \cdots 7$ ⑥ $60 \div 7 = 8 \cdots 4$
⑦ $53 \div 9 = 5 \cdots 8$ ⑧ $11 \div 6 = 1 \cdots 5$
⑨ $70 \div 8 = 8 \cdots 6$ ⑩ $61 \div 7 = 8 \cdots 5$
⑪ $35 \div 9 = 3 \cdots 8$ ⑫ $31 \div 4 = 7 \cdots 3$
⑬ $15 \div 8 = 1 \cdots 7$ ⑭ $20 \div 9 = 2 \cdots 2$
⑮ $32 \div 7 = 4 \cdots 4$ ⑯ $11 \div 7 = 1 \cdots 4$
⑰ $31 \div 8 = 3 \cdots 7$ ⑱ $14 \div 9 = 1 \cdots 5$
⑲ $30 \div 7 = 4 \cdots 2$ ⑳ $54 \div 8 = 6 \cdots 6$
㉑ $43 \div 9 = 4 \cdots 7$ ㉒ $55 \div 7 = 7 \cdots 6$
㉓ $52 \div 9 = 5 \cdots 7$ ㉔ $20 \div 3 = 6 \cdots 2$
㉕ $24 \div 9 = 2 \cdots 6$ ㉖ $13 \div 8 = 1 \cdots 5$
㉗ $21 \div 6 = 3 \cdots 3$ ㉘ $62 \div 9 = 6 \cdots 8$
㉙ $31 \div 7 = 4 \cdots 3$ ㉚ $71 \div 9 = 7 \cdots 8$

82

わり算（あまりあり）⑯
くり下がりあり（30問練習）

次の計算をしましょう。

① $13 \div 7 = 1 \cdots 6$ ② $21 \div 9 = 2 \cdots 3$
③ $55 \div 8 = 6 \cdots 7$ ④ $34 \div 7 = 4 \cdots 6$
⑤ $70 \div 8 = 8 \cdots 6$ ⑥ $41 \div 6 = 6 \cdots 5$
⑦ $42 \div 9 = 4 \cdots 6$ ⑧ $21 \div 8 = 2 \cdots 5$
⑨ $13 \div 9 = 1 \cdots 4$ ⑩ $53 \div 7 = 7 \cdots 4$
⑪ $51 \div 9 = 5 \cdots 6$ ⑫ $10 \div 6 = 1 \cdots 4$
⑬ $23 \div 9 = 2 \cdots 5$ ⑭ $53 \div 8 = 6 \cdots 5$
⑮ $10 \div 4 = 2 \cdots 2$ ⑯ $23 \div 8 = 2 \cdots 7$
⑰ $51 \div 7 = 7 \cdots 2$ ⑱ $34 \div 9 = 3 \cdots 7$
⑲ $30 \div 7 = 4 \cdots 2$ ⑳ $11 \div 9 = 1 \cdots 2$
㉑ $62 \div 7 = 8 \cdots 6$ ㉒ $70 \div 9 = 7 \cdots 7$
㉓ $13 \div 8 = 1 \cdots 5$ ㉔ $41 \div 7 = 5 \cdots 6$
㉕ $30 \div 9 = 3 \cdots 3$ ㉖ $31 \div 8 = 3 \cdots 7$
㉗ $51 \div 6 = 8 \cdots 3$ ㉘ $17 \div 9 = 1 \cdots 8$
㉙ $22 \div 6 = 3 \cdots 4$ ㉚ $61 \div 8 = 7 \cdots 5$

83

わり算（あまりあり）⑰
くり下がりあり（30問練習）

次の計算をしましょう。

① $23 \div 8 = 2 \cdots 7$ ② $50 \div 7 = 7 \cdots 1$
③ $33 \div 9 = 3 \cdots 6$ ④ $32 \div 7 = 4 \cdots 4$
⑤ $10 \div 9 = 1 \cdots 1$ ⑥ $40 \div 6 = 6 \cdots 4$
⑦ $62 \div 9 = 6 \cdots 8$ ⑧ $12 \div 8 = 1 \cdots 4$
⑨ $50 \div 6 = 8 \cdots 2$ ⑩ $26 \div 9 = 2 \cdots 8$
⑪ $30 \div 8 = 3 \cdots 6$ ⑫ $31 \div 4 = 7 \cdots 3$
⑬ $16 \div 9 = 1 \cdots 7$ ⑭ $23 \div 6 = 3 \cdots 5$
⑮ $60 \div 8 = 7 \cdots 4$ ⑯ $41 \div 9 = 4 \cdots 5$
⑰ $15 \div 8 = 1 \cdots 7$ ⑱ $60 \div 9 = 6 \cdots 6$
⑲ $11 \div 7 = 1 \cdots 4$ ⑳ $30 \div 4 = 7 \cdots 2$
㉑ $14 \div 9 = 1 \cdots 5$ ㉒ $52 \div 8 = 6 \cdots 4$
㉓ $43 \div 9 = 4 \cdots 7$ ㉔ $60 \div 7 = 8 \cdots 4$
㉕ $25 \div 9 = 2 \cdots 7$ ㉖ $11 \div 8 = 1 \cdots 3$
㉗ $52 \div 6 = 8 \cdots 4$ ㉘ $61 \div 8 = 7 \cdots 5$
㉙ $21 \div 6 = 3 \cdots 3$ ㉚ $32 \div 9 = 3 \cdots 5$

84

わり算（あまりあり）⑱
くり下がりあり（30問練習）

次の計算をしましょう。

① $51 \div 8 = 6 \cdots 3$ ② $34 \div 9 = 3 \cdots 7$
③ $53 \div 6 = 8 \cdots 5$ ④ $63 \div 8 = 7 \cdots 7$
⑤ $23 \div 9 = 2 \cdots 5$ ⑥ $12 \div 7 = 1 \cdots 5$
⑦ $51 \div 9 = 5 \cdots 6$ ⑧ $11 \div 3 = 3 \cdots 2$
⑨ $10 \div 8 = 1 \cdots 2$ ⑩ $33 \div 7 = 4 \cdots 5$
⑪ $61 \div 9 = 6 \cdots 7$ ⑫ $10 \div 4 = 2 \cdots 2$
⑬ $22 \div 8 = 2 \cdots 6$ ⑭ $15 \div 9 = 1 \cdots 6$
⑮ $52 \div 7 = 7 \cdots 3$ ⑯ $10 \div 7 = 1 \cdots 3$
⑰ $71 \div 8 = 8 \cdots 7$ ⑱ $80 \div 9 = 8 \cdots 8$
⑲ $51 \div 7 = 7 \cdots 2$ ⑳ $53 \div 8 = 6 \cdots 5$
㉑ $70 \div 9 = 7 \cdots 7$ ㉒ $31 \div 7 = 4 \cdots 3$
㉓ $17 \div 9 = 1 \cdots 8$ ㉔ $20 \div 6 = 3 \cdots 2$
㉕ $11 \div 9 = 1 \cdots 2$ ㉖ $55 \div 8 = 6 \cdots 7$
㉗ $22 \div 6 = 3 \cdots 4$ ㉘ $40 \div 9 = 4 \cdots 4$
㉙ $61 \div 7 = 8 \cdots 5$ ㉚ $44 \div 9 = 4 \cdots 8$

85

21

くり下がりあり（40問練習）

次の計算をしましょう。

① $11÷8=1…3$　② $22÷9=2…4$　③ $61÷7=8…5$

④ $10÷6=1…4$　⑤ $41÷9=4…5$　⑥ $12÷7=1…5$

⑦ $62÷9=6…8$　⑧ $23÷8=2…7$　⑨ $40÷7=5…5$

⑩ $14÷9=1…5$　⑪ $20÷3=6…2$　⑫ $52÷8=6…4$

⑬ $33÷9=3…6$　⑭ $31÷7=4…3$　⑮ $60÷8=7…4$

⑯ $53÷6=8…5$　⑰ $51÷9=5…6$　⑱ $52÷7=7…3$

⑲ $50÷8=6…2$　⑳ $60÷9=6…6$　㉑ $21÷8=2…5$

㉒ $10÷4=2…2$　㉓ $12÷9=1…3$　㉔ $20÷6=3…2$

㉕ $43÷9=4…7$　㉖ $20÷7=2…6$　㉗ $13÷8=1…5$

㉘ $26÷9=2…8$　㉙ $40÷6=6…4$　㉚ $70÷8=8…6$

㉛ $16÷9=1…7$　㉜ $55÷7=7…6$　㉝ $71÷9=7…8$

㉞ $10÷3=3…1$　㉟ $31÷9=3…4$　㊱ $22÷6=3…4$

㊲ $62÷8=7…6$　㊳ $20÷9=2…2$　㊴ $33÷7=4…5$

㊵ $31÷8=3…7$

くり下がりあり（40問練習）

次の計算をしましょう。

① $20÷8=2…4$　② $32÷9=3…5$　③ $62÷7=8…6$

④ $21÷6=3…3$　⑤ $21÷9=2…3$　⑥ $34÷7=4…6$

⑦ $42÷9=4…6$　⑧ $10÷8=1…2$　⑨ $53÷7=7…4$

⑩ $13÷9=1…4$　⑪ $23÷6=3…5$　⑫ $61÷8=7…5$

⑬ $31÷4=7…3$　⑭ $13÷7=1…6$　⑮ $51÷8=6…3$

⑯ $11÷3=3…2$　⑰ $70÷9=7…7$　⑱ $41÷7=5…6$

⑲ $71÷8=8…7$　⑳ $30÷9=3…3$　㉑ $53÷8=6…5$

㉒ $11÷6=1…5$　㉓ $15÷9=1…6$　㉔ $60÷7=8…4$

㉕ $53÷9=5…8$　㉖ $32÷7=4…4$　㉗ $14÷8=1…6$

㉘ $23÷9=2…5$　㉙ $41÷6=6…5$　㉚ $22÷8=2…6$

㉛ $34÷9=3…7$　㉜ $50÷7=7…1$　㉝ $80÷9=8…8$

㉞ $11÷4=2…3$　㉟ $17÷9=1…8$　㊱ $50÷6=8…2$

㊲ $12÷8=1…4$　㊳ $61÷9=6…7$　㊴ $54÷7=7…5$

㊵ $55÷8=6…7$

くり下がりあり（50問練習）

次の計算をしましょう。

① $11÷8=1…3$　② $43÷9=4…7$　③ $12÷7=1…5$

④ $50÷8=6…2$　⑤ $41÷9=4…5$　⑥ $12÷8=1…4$

⑦ $11÷9=1…2$　⑧ $23÷6=3…5$　⑨ $62÷9=6…8$

⑩ $53÷6=8…5$　⑪ $60÷8=7…4$　⑫ $30÷9=3…3$

⑬ $54÷8=6…6$　⑭ $31÷9=3…4$　⑮ $22÷6=3…4$

⑯ $21÷8=2…5$　⑰ $32÷7=4…4$　⑱ $23÷8=2…7$

⑲ $60÷7=8…4$　⑳ $13÷9=1…4$　㉑ $52÷6=8…4$

㉒ $20÷7=2…6$　㉓ $50÷9=5…5$　㉔ $15÷8=1…7$

㉕ $22÷9=2…4$　㉖ $13÷8=1…5$　㉗ $33÷9=3…6$

㉘ $53÷7=7…4$　㉙ $14÷9=1…5$　㉚ $40÷7=5…5$

㉛ $17÷9=1…8$　㉜ $62÷7=8…6$　㉝ $10÷9=1…1$

㉞ $20÷3=6…2$　㉟ $10÷6=1…4$　㊱ $11÷7=1…4$

㊲ $20÷6=3…2$　㊳ $62÷8=7…6$　㊴ $53÷9=5…8$

㊵ $31÷4=7…3$　㊶ $61÷7=8…5$　㊷ $30÷4=7…2$

㊸ $10÷3=3…1$　㊹ $35÷9=3…8$　㊺ $41÷7=5…6$

㊻ $10÷4=2…2$　㊼ $34÷7=4…6$　㊽ $23÷9=2…5$

㊾ $30÷7=4…2$　㊿ $71÷9=7…8$

くり下がりあり（50問練習）

次の計算をしましょう。

① $10÷8=1…2$　② $52÷9=5…7$　③ $63÷8=7…7$

④ $25÷9=2…7$　⑤ $51÷8=6…3$　⑥ $70÷9=7…7$

⑦ $31÷8=3…7$　⑧ $80÷9=8…8$　⑨ $52÷8=6…4$

⑩ $34÷9=3…7$　⑪ $11÷3=3…2$　⑫ $24÷9=2…6$

⑬ $40÷6=6…4$　⑭ $26÷9=2…8$　⑮ $53÷8=6…5$

⑯ $54÷7=7…5$　⑰ $71÷8=8…7$　⑱ $51÷9=5…6$

⑲ $22÷8=2…6$　⑳ $40÷9=4…4$　㉑ $14÷8=1…6$

㉒ $61÷9=6…7$　㉓ $41÷6=6…5$　㉔ $15÷9=1…6$

㉕ $50÷7=7…1$　㉖ $42÷9=4…6$　㉗ $11÷6=1…5$

㉘ $10÷7=1…3$　㉙ $51÷6=8…3$　㉚ $12÷9=1…3$

㉛ $51÷7=7…2$　㉜ $70÷8=8…6$　㉝ $16÷9=1…7$

㉞ $52÷7=7…3$　㉟ $21÷6=3…3$　㊱ $55÷7=7…6$

㊲ $30÷8=3…6$　㊳ $21÷9=2…3$　㊴ $55÷6=9…1$

㊵ $31÷7=4…3$　㊶ $11÷4=2…3$　㊷ $60÷9=6…6$

㊸ $33÷7=4…5$　㊹ $32÷9=3…5$　㊺ $50÷6=8…2$

㊻ $20÷8=2…4$　㊼ $44÷9=4…8$　㊽ $13÷7=1…6$

㊾ $20÷9=2…2$　㊿ $61÷8=7…5$

まとめ ⑪
わり算（あまりあり）　／50点

① □ にあてはまる数や式をかきましょう。　（□1つ5点/10点）

15このあめを1人に4こずつ分けると3人に分けられ
て、①3 こあまります。
これを式で表すと ②15÷4＝3あまり3 になります。

② 次の計算をしましょう。　（各5点/30点）

① 8÷3＝2あまり2　　② 17÷4＝4あまり1

③ 28÷6＝4あまり4　　④ 65÷7＝9あまり2

⑤ 52÷9＝5あまり7　　⑥ 74÷8＝9あまり2

③ 16÷（　）のわり算について、□ にあてはまる数を
かきましょう。　（各5点/10点）

① あまりが2になるのは（　）の中の数が 7 のと
きです。

② あまりが4になるのは（　）の中の数が 6 のと
きです。

90

まとめ ⑫
わり算（あまりあり）　／50点

① 次のわり算にはまちがいがあります。正しく計算しま
しょう。　（各5点/10点）

① 36÷7＝4あまり8　　② 50÷8＝7あまり6

| 36÷7＝5あまり1 | 50÷8＝6あまり2 |

② 80まいの色紙を9人で分けます。1人何まいずつに分け
られて、何まいあまりますか。　（式10点、答え10点/20点）

式 80÷9＝8あまり8

答え　1人 8 まいずつで 8 まいあまる

③ 65ページのドリルを1日7ページずつします。
何日間で終わりますか。　（式10点、答え10点/20点）

式 65÷7＝9あまり2
　　9＋1＝10

答え　10日間

91

重さ ①
g（グラム）

重さのたんい①…グラム

重さのたんいにグラムがあり
ます。1グラムは 1g とかきます。
1円玉1この重さは、1gです。

① g（グラム）のかき方を練習しましょう。

g g g g g g g g

② 何gですか。

①  （ 3 g ）

② （ 6 g ）

③ （ 200g ）

④ （ 650g ）

③ 次の計算をしましょう。

① 4g＋3g＝7g　　　② 8g＋9g＝17g

③ 35g＋25g＝60g　　④ 700g＋100g＝800g

⑤ 6g－2g＝4g　　　⑥ 11g－5g＝6g

⑦ 40g－20g＝20g　　⑧ 800g－300g＝500g

92

重さ ②
kg（キログラム）

重さのたんい②…キログラム

1000g を1キログラム といい、1kg＝1000g
1kg とかきます。
人の体重は、kg を使って表し
ます。
1キログラム

① kg（キログラム）のかき方を練習しましょう。

kg k k k kg kg kg kg

② 何kgですか。（または、何kg何gですか。）

①  （ 3 kg ）

② （ 1 kg ）

③ （1kg500g）

④ （3kg500g）

③ 次の計算をしましょう。

① 6kg＋3kg＝9kg　　　② 7kg＋9kg＝16kg

③ 50kg＋40kg＝90kg　　④ 300kg＋150kg＝450kg

⑤ 8kg－5kg＝3kg　　　⑥ 14kg－7kg＝7kg

⑦ 70kg－30kg＝40kg　　⑧ 600kg－200kg＝400kg

93

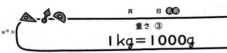

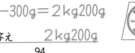

重さ③
1kg＝1000g

① （　）の中のたんいに直しましょう。

① 1kg（g）　→　1000g

② 6kg（g）　→　6000g

③ 1000g（kg）　→　1kg

④ 7000g（kg）　→　7kg

⑤ 2kg300g（g）　→　2300g

⑥ 4kg245g（g）　→　4245g

⑦ 3500g（kg、g）　→　3kg500g

⑧ 6325g（kg、g）　→　6kg325g

② 200gのりんごと、3kgのバナナを買いました。
重さは合わせて、何kg何gになりますか。

式　200g＋3kg＝3kg200g

答え　3kg200g

③ はかりにのっている箱には、おもちゃが入っています。箱の重さは300gです。
おもちゃの重さは、何kg何gですか。

式　2kg500g－300g＝2kg200g

答え　2kg200g

94

重さ④
重さの計算

① 次の計算をしましょう。

① 3kg400g＋600g＝3kg1000g＝4kg

② 1kg－500g＝1000g－500g＝500g

③ 14kg＋5kg800g＝19kg800g

④ 20kg－18kg200g＝19kg1000g－18kg200g
　　　　　　　　　　　　＝1kg800g

⑤ 15kg300g＋3kg900g＝18kg1200g
　　　　　　　　　　　　＝19kg200g

② 箱入りのみかんを買いました。重さは5kg300gでした。みかんを全部食べて箱の重さをはかったら、500gでした。みかんだけの重さは何kg何gですか。

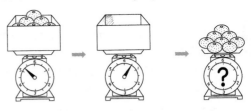

式　5kg300g－500g＝4kg800g

答え　4kg800g

95

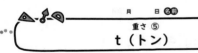

重さ⑤
t（トン）

「トラックスケール　4t〜100t」とかいた、トラックの重さをはかる所があります。

そこで、トラックの重さをはかったら、9tでした。

1000kg＝1t
トン（t）も重さのたんいです。

① 練習しましょう。

② （　）に、重さのたんいやことば・数をかきましょう。

① キリンの体重は1000kg＝1（　t　）でした。
3年1組38人の体重を合わせると、1045（kg）になりました。（キリン）の方が軽いです。

② ある県では、ゴミを1人1日1000g＝（1kg）出すそうです。3人家族の家では、1年間にゴミを1（　t　）よりも多く出すことになります。

96

重さ⑥
t（トン）

① □に数をかきましょう。

② おこのみやき1こに100gのキャベツを使います。
（　）に数をかきましょう。

① 10人分では、（　1　）kg使います。

② ある店では、1日に10kgのキャベツを使います。
10日間では、（100）kgのキャベツを使います。
100日間では、（　1　）tのキャベツを使います。

③ □に数をかきましょう。

① 1000g＝ 1 kg

② 1000kg＝ 1 t

③ 2000kg＝ 2 t

④ 5000kg＝ 5 t

⑤ 4000 kg＝4t

⑥ 9000 kg＝9t

97

24

まとめ ⑬
重さ
/50点

① 百科事典の重さをはかると、右のようになりました。

(各5点／10点)

① このはかりの1目もりは何gですか。

(10)g

② 重さは

(1)kg(260)gです。

② はかりの目もりを読みましょう。

(各5点／15点)

① (550g)　② (1kg100g)　③ (1kg950g)

③ ( )の中のたんいに直しましょう。

(各5点／25点)

① 2kg=(2000 g)　② 4200g=(4 kg 200 g)

③ 1000kg=(1 t)　④ 1kg600g=(1600 g)

⑤ 8 t =(8000 kg)

98

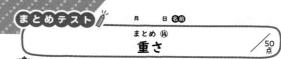

まとめ ⑭
重さ
/50点

① 重さが1kgに近いものはどれですか。

(5点)

① 教室のつくえ
② 1L入りの牛にゅうパック
③ 500円玉1まい

答え ②

② 次の計算をしましょう。

(各5点／35点)

① 200 g +800 g = 1000 g = 1 kg
② 500 g +700 g = 1200 g = 1 kg 200 g
③ 1 kg −400 g = 1000 g −400 g = 600 g
④ 1 kg 200 g−600 g = 1200 g −600 g = 600 g
⑤ 3 kg 200 g +4 kg = 7 kg 200 g
⑥ 5 kg 200 g − 3 kg = 2 kg 200 g
⑦ 14 kg 600 g +6 kg 400 g =20 kg 1000 g = 21 kg

③ トラックが荷物をつんではかりの上で止まりました。
3 t 300kgでした。
荷物を下ろしてはかると2 t 800kgでした。
荷物の重さは何kgですか。

(式5点、答え5点／10点)

式 3 t 300kg− 2 t 800kg=500kg

答え 500kg

99

大きな数 ①
数のしくみ

① 次の数をかきましょう。

① 二万千八百四十九

万	千	百	十	一
2	1	8	4	9

② 八万三千五百十六

万	千	百	十	一
8	3	5	1	6

③ 三万二十八

万	千	百	十	一
3	0	0	2	8

④ 一万二千五

万	千	百	十	一
1	2	0	0	5

⑤ 四万百一

万	千	百	十	一
4	0	1	0	1

⑥ 六万四

万	千	百	十	一
6	0	0	0	4

② 次の数をかきましょう。

① 10000を7こ、1000を3こ、100を9こ、10を2こ、1を6こ集めた数。

万	千	百	十	一
7	3	9	2	6

② 10000を5こ、100を4こ、10を6こ、1を3こ集めた数。

万	千	百	十	一
5	0	4	6	3

100

大きな数 ②
数のしくみ

① 次の数をかきましょう。

① 七千三百四十五万二千三百九十八

千	百	十	一 万	千	百	十	一
7	3	4	5	2	3	9	8

② 四千百二十万五千九百六十二

千	百	十	一 万	千	百	十	一
4	1	2	0	5	9	6	2

③ 三千八万二百五

千	百	十	一 万	千	百	十	一
3	0	0	8	0	2	0	5

④ 九千二万六

千	百	十	一 万	千	百	十	一
9	0	0	2	0	0	0	6

⑤ 八千二十一万

千	百	十	一 万	千	百	十	一
8	0	2	1	0	0	0	0

⑥ 六千万三百二十

千	百	十	一 万	千	百	十	一
6	0	0	0	0	3	2	0

② 次の数をかきましょう。

① 1000万を8こ、100万を6こ、1000を1こ、100を2こ集めた数。

千	百	十	一 万	千	百	十	一
8	6	0	0	1	2	0	0

② 1000万を7こ、10万を5こ、100を3こ、1を6こ集めた数。

千	百	十	一 万	千	百	十	一
7	0	5	0	0	3	0	6

101

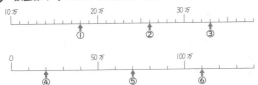

大きな数 ③

10000より大きい数

① 数直線で ↑ のところの数をかきましょう。

10万 ── ① ── 20万 ── ② ── 30万 ──

0 ── 50万 ── ④ ── 100万 ── ⑤ ──

① (18万) ② (26万) ③ (33万)
④ (20万) ⑤ (70万) ⑥ (110万)

② 次の（ ）にあてはまる数をかきましょう。

① 99998－99999－(100000)－100001－(100002)

② 290万－295万－(300万)－305万－(310万)

③ 11000－(11500)－12000－(12500)－(13000)

④ 332万－(330万)－328万－(326万)－(324万)

⑤ 20100－(20000)－19900－19800－(19700)

⑥ 100100－(100050)－100000－99950－(99900)

102

大きな数 ④

10000より大きい数

① 小さいじゅんに番号をつけましょう。

① (29700 、 29500 、 29800 、 29900)
　　2　　　1　　　3　　　4

② (30001 、 190000 、 210003 、 99900)
　　1　　　3　　　4　　　2

③ (400000 、 94000 、 170000 、 240000)
　　4　　　1　　　2　　　3

② ①②③④⑤⑥⑦⑧ のカードを1まいずつ使って、4けたの数のたし算やひき算をつくります。

① 答えがいちばん大きくなるたし算の問題をつくりましょう。

```
    8 6 4 2
  + 7 5 3 1
  1 6 1 7 3
```

② 答えがいちばん小さくなるひき算の問題をつくりましょう。

```
    5 1 2 3
  - 4 8 7 6
      2 4 7
```

103

大きな数 ⑤

10倍・100倍・1000倍した数

① 次の数を10倍にしましょう。

① 4 (40) ② 29 (290)
③ 365 (3650) ④ 708 (7080)
⑤ 400 (4000) ⑥ 8206 (82060)
⑦ 5400 (54000) ⑧ 72496 (724960)

② 次の数を100倍にしましょう。

① 4 (400) ② 29 (2900)
③ 365 (36500) ④ 708 (70800)
⑤ 400 (40000) ⑥ 8206 (820600)
⑦ 5400 (540000) ⑧ 72496 (7249600)

③ 次の数を1000倍にしましょう。

① 4 (4000) ② 29 (29000)
③ 365 (365000) ④ 708 (708000)
⑤ 400 (400000) ⑥ 8206 (8206000)

104

大きな数 ⑥

10や100や1000でわった数

① 次の数を10でわった数にしましょう。

① 80 (8) ② 360 (36)
③ 400 (40) ④ 7250 (725)
⑤ 8300 (830) ⑥ 5000 (500)
⑦ 62890 (6289) ⑧ 735040 (73504)

② 次の数を100でわった数にしましょう。

① 200 (2) ② 6300 (63)
③ 8000 (80) ④ 56300 (563)
⑤ 90000 (900) ⑥ 8638500 (86385)
⑦ 400万 (4万) ⑧ 9100万 (91万)

③ 次の数を1000でわった数にしましょう。

① 2000 (2) ② 63000 (63)
③ 80000 (80) ④ 90000 (90)
⑤ 73000 (73) ⑥ 48000 (48)

105

26

月　日　名前

大きな数⑦
かけ算・わり算・大小

① 次の□にあてはまる数をかきましょう。

① $50 \times \boxed{3} = 150 \longrightarrow 150 \div 50 = \boxed{3}$

② $500 \times \boxed{3} = 1500 \longrightarrow 1500 \div 500 = \boxed{3}$

③ $80 \times \boxed{9} = 720 \longrightarrow 720 \div 80 = \boxed{9}$

④ $800 \times \boxed{9} = 7200 \longrightarrow 7200 \div 800 = \boxed{9}$

② かんたんなわり算に直してから計算しましょう。

① $60 \div 20 = 3$
($6 \div 2$)

② $300 \div 50 = 6$
($30 \div 5$)

③ $420 \div 60 = 7$
($42 \div 6$)

④ $100 \div 50 = 2$
($10 \div 5$)

③ 次の□に記号（＝、＜、＞）を入れましょう。

① $100 \boxed{<} 200$

② $3000 \boxed{>} 2500$

③ $500 \boxed{>} 499$

④ $7000 \boxed{<} 60000$

⑤ $100000 \boxed{>} 99999$

⑥ $200+300 \boxed{=} 500$

106

月　日　名前

大きな数⑧
億

一千万を10こ集めた数は一億になります。
これは一千万を10倍した数と同じです。

千	百	十	一	千	百	十	一		千	百	十	一
	億				万							
			1	0	0	0	0	0	0	0	0	

□にあてはまる数をかきましょう。

① 1000を10こ集めた数は $\boxed{1万}$ です。

② 1億は1万を $\boxed{1万}$ こ集めた数です。

③ 1億は9000万と $\boxed{1000万}$ を合わせた数です。

④ 1億は9900万と $\boxed{100万}$ を合わせた数です。

⑤ 1億は9990万と $\boxed{10万}$ を合わせた数です。

⑥ 99999999に1をたすと $\boxed{1億}$ です。

⑦ 1000万を10こ集めると $\boxed{1億}$ です。

107

まとめテスト

月　日　名前

まとめ⑮
大きな数

/50点

① 次の（　）にあてはまる数をかきましょう。 (各5点／25点)

① 二万八千九百二十三を数字でかくと
（　28923　）

② 三十万六千を数字でかくと
（　306000　）

③ 千万を3こ、百万を1こ、千を6こ合わせた数
（　31006000　）

④ 82000は一万を（　8　）こと、千を（　2　）こ
合わせた数

⑤ 10000を604こ集めた数は
（　6040000　）

② ⑦～⑨の数をかきましょう。 (各5点／15点)

90000　⑦　100000　⑦　110000　⑦

⑦ （　95000　）　⑦ （　102000　）　⑨ （　116000　）

③ 2つの数の大小をくらべ、＜、＞をかきましょう。
(各5点／10点)

① $64990 \boxed{<} 65010$

② $354000 \boxed{>} 305400$

108

まとめテスト

月　日　名前

まとめ⑯
大きな数

/50点

① 70を10倍、100倍、1000倍した数をかきましょう。 (各2点／6点)

　10倍　　　　100倍　　　　1000倍
（　700　）（　7000　）（　70000　）

② 64000を10、100、1000でわった数をかきましょう。 (各2点／6点)

　÷10　　　　÷100　　　　÷1000
（　6400　）（　640　）（　64　）

③ 8400を10倍、100倍、10、100でわった数をかきましょう。 (各2点／8点)

　10倍　　　100倍　　　÷10　　　÷100
（ 84000 ）（ 840000 ）（ 840 ）（ 84 ）

④ （　）にあてはまる数をかきましょう。 (各5点／15点)

① 1万を（　1万　）こ集めた数は1億です。

② 9999990に10をたすと（ 1000万 ）です。

③ 1000万を（　10　）こ集めた数は1億です。

⑤ $42+37=79$ を使って、次の計算をしましょう。 (各5点／15点)

① $42000+37000=79000$

② $42万+37万=79万$

③ $4200万+3700万=7900万$

109

27

かけ算 ①
文章題

① 1こ32円のあめを3こ買いました。全部で何円になりますか。

式　32×3＝96

答え　　96円

		3	2
×			3
		9	6

② ビー玉を48こ入れられるふくろが、6ふくろあります。ビー玉は全部で何こまで入れられますか。

式　48×6＝288

答え　　288こ

		4	8
×			6
	2	8	8

③ 色紙のたばが、8たばあります。1たばの色紙の数は、それぞれ27まいです。色紙は、全部で何まいありますか。

式　27×8＝216

答え　　216まい

		2	7
×			8
	2	1	6

④ 遠足では、45人乗りのバスを9台使うことにしました。遠足のバスは、何人まで乗ることができますか。

式　45×9＝405

答え　　405人

		4	5
×			9
	4	0	5

かけ算 ②
文章題

① 42cmのひも2本をテープでつなぎました。つないだひもの長さは、何cmになりますか。

式　42×2＝84

答え　　84cm

		4	2
×			2
		8	4

② えんぴつ1ダースは、12本です。8ダースでは、えんぴつは何本になりますか。

式　12×8＝96

答え　　96本

		1	2
×			8
		9	6

③ 3年生が6列にならんでいます。それぞれの列は、ちょうど37人ずつならんでいます。3年生全員で、何人になりますか。

式　37×6＝222

答え　　222人

		3	7
×			6
	2	2	2

④ 1年間は、だいたい52週間です。そのうち、40週間は学校に通います。1週間に5日通うとすると、1年間では、何日通いますか。

式　40×5＝200

答え　　200日

		4	0
×			5
	2	0	0

かけ算 ③
2けた×1けた

次の計算をしましょう。

① 21×4＝84　② 32×3＝96　③ 11×8＝88　④ 40×2＝80

⑤ 43×2＝86　⑥ 21×3＝63　⑦ 30×3＝90　⑧ 11×5＝55

⑨ 53×3＝159　⑩ 41×5＝205　⑪ 51×7＝357　⑫ 91×5＝455

⑬ 82×3＝246　⑭ 90×9＝810　⑮ 23×4＝92　⑯ 37×2＝74

⑰ 24×3＝72　⑱ 48×2＝96　⑲ 14×6＝84　⑳ 28×3＝84

かけ算 ④
2けた×1けた

次の計算をしましょう。

① 14×9＝126　② 38×3＝114　③ 29×4＝116　④ 36×5＝180

⑤ 48×4＝192　⑥ 28×4＝112　⑦ 39×3＝117　⑧ 15×7＝105

⑨ 13×8＝104　⑩ 36×3＝108　⑪ 26×8＝208　⑫ 28×8＝224

⑬ 89×9＝801　⑭ 29×7＝203　⑮ 78×7＝546　⑯ 27×9＝243

⑰ 64×8＝512　⑱ 85×6＝510　⑲ 58×9＝522　⑳ 34×6＝204

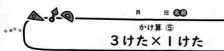

かけ算⑤ 3けた×1けた

次の計算をしましょう。

① 312 × 2 = 624
② 230 × 2 = 460
③ 410 × 2 = 820
④ 439 × 2 = 878
⑤ 643 × 2 = 1286
⑥ 131 × 7 = 917
⑦ 493 × 2 = 986
⑧ 812 × 4 = 3248
⑨ 342 × 4 = 1368
⑩ 800 × 5 = 4000
⑪ 289 × 3 = 867
⑫ 911 × 6 = 5466
⑬ 958 × 4 = 3832
⑭ 401 × 7 = 2807
⑮ 812 × 4 = 3248

114

かけ算⑥ 3けた×1けた

次の計算をしましょう。

① 389 × 3 = 1167
② 470 × 7 = 3290
③ 691 × 6 = 4146
④ 592 × 9 = 5328
⑤ 556 × 9 = 5004
⑥ 958 × 7 = 6706
⑦ 975 × 8 = 7800
⑧ 439 × 9 = 3951
⑨ 678 × 4 = 2712
⑩ 678 × 8 = 5424
⑪ 275 × 8 = 2200
⑫ 258 × 9 = 2322
⑬ 487 × 6 = 2922
⑭ 584 × 7 = 4088
⑮ 824 × 9 = 7416

115

かけ算⑦ 4けた×1けた

次の計算をしましょう。

① 7698 × 4 = 30792
② 3598 × 8 = 28784
③ 2917 × 5 = 14585
④ 4369 × 2 = 8738
⑤ 3151 × 4 = 12604
⑥ 6078 × 9 = 54702
⑦ 2585 × 8 = 20680
⑧ 9312 × 3 = 27936
⑨ 6272 × 6 = 37632
⑩ 4826 × 7 = 33782

116

かけ算⑧ 4けた×1けた

次の計算をしましょう。

① 7443 × 7 = 52101
② 8177 × 2 = 16354
③ 9673 × 5 = 48365
④ 9042 × 8 = 72336
⑤ 4260 × 9 = 38340
⑥ 5241 × 6 = 31446
⑦ 2056 × 8 = 16448
⑧ 9038 × 4 = 36152
⑨ 6512 × 7 = 45584
⑩ 3458 × 6 = 20748

117

まとめテスト

月　日　名前

まとめ ⑰
かけ算（×1けた）　/50点

①　76×4 の筆算のしかたについて、□にあてはまる数をかきましょう。　(各5点／10点)

①　一のくらいから計算して、四六24、
　　一のくらいに **4** をかいて、2を
　　くり上げる。

②　十のくらいを計算して、四七28、
　　くり上げた2とで **30** 。

```
    7 6
  ×   4
  3 0²4
```

②　次の計算をしましょう。　(各5点／40点)

①
```
    2 3
  ×   3
    6 9
```

②
```
    1 2
  ×   4
    4 8
```

③
```
    3 0
  ×   3
    9 0
```

④
```
    1 4
  ×   5
    7²0
```

⑤
```
    3 4
  ×   7
  2 3²8
```

⑥
```
    5 8
  ×   6
  3 4⁴8
```

⑦
```
    1 9
  ×   8
  1 5⁷2
```

⑧
```
    6 5
  ×   7
  4 5³5
```

118

まとめテスト

月　日　名前

まとめ ⑱
かけ算（×1けた）　/50点

①　675×7 の筆算のしかたについて、□にあてはまる数をかきましょう。　(各10点／20点)

```
    6 7 5
  ×     7
    3 5 … 5 ×7
  4 9 0 … 70 ×7
4 2 0 0 … 600 ×7
4 7 2 5
```
⇒
```
    6 7 5
  ×     7
  4 7⁵2³5
```

②　次の計算をしましょう。　(各5点／20点)

①
```
    1 2 1
  ×     7
    8¹4 7
```

②
```
    5 8 4
  ×     7
  4 0⁵8²8
```

③
```
    7 8 9
  ×     3
  2 3²6²7
```

④
```
  2 9 1 5
  ×     4
1 1 6 6 0
```

③　1本 188 円の牛にゅうを6本買うと代金はいくらですか。　(式5点、答え5点／10点)

式　188×6＝1128

答え　　　1128円

119

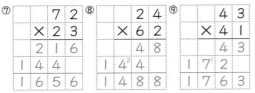

かけ算 ⑨
2けた×2けた

●　次の計算をしましょう。

①
```
    3 3
  × 1 2
    6 6
  3 3
  3 9 6
```

②
```
    2 1
  × 1 4
    8 4
  2 1
  2 9 4
```

③
```
    1 2
  × 3 1
    1 2
  3 6
  3 7 2
```

④
```
    3 2
  × 2 3
    9 6
  6 4
  7 3 6
```

⑤
```
    3 1
  × 2 2
    6 2
  6 2
  6 8 2
```

⑥
```
    6 0
  × 7 2
  1 2 0
  4 2 0
  4 3 2 0
```

⑦
```
    7 2
  × 2 3
  2 1 6
  1 4 4
  1 6 5 6
```

⑧
```
    2 4
  × 6 2
    4 8
  1 4²4
  1 4 8 8
```

⑨
```
    4 3
  × 4 1
    4 3
  1 7 2
  1 7 6 3
```

120

かけ算 ⑩
2けた×2けた

月　日　名前

●　次の計算をしましょう。

①
```
    3 6
  × 4 2
    7¹2
  1 4²4
  1 5 1 2
```

②
```
    2 4
  × 6 3
    7¹2
  1 4²4
  1 5 1 2
```

③
```
    1 8
  × 8 4
    7³2
  1 4⁶4
  1 5 1 2
```

④
```
    9 3
  × 4 5
    4 6¹5
  3 7²2
  4 1 8 5
```

⑤
```
    8 2
  × 6 8
    6 5⁶6
  4 9²2
  5 5 7 6
```

⑥
```
    6 9
  × 7 3
    2 0²7
  4 8⁶3
  5 0 3 7
```

⑦
```
    8 0
  × 7 5
    4 0 0
  5 6 0
  6 0 0 0
```

⑧
```
    6 0
  × 8 4
    2 4 0
  4 8 0
  5 0 4 0
```

⑨
```
    4 0
  × 7 9
    3 6 0
  2 8 0
  3 1 6 0
```

121

30

かけ算 ⑪
2けた×2けた

次の計算をしましょう。

① 56 × 75 ＝ 280 / 392 / 4200
② 94 × 23 ＝ 282 / 188 / 2162
③ 65 × 96 ＝ 390 / 585 / 6240
④ 98 × 25 ＝ 490 / 196 / 2450
⑤ 85 × 78 ＝ 680 / 595 / 6630
⑥ 37 × 84 ＝ 148 / 296 / 3108
⑦ 65 × 97 ＝ 455 / 585 / 6305
⑧ 62 × 34 ＝ 248 / 186 / 2108
⑨ 96 × 29 ＝ 864 / 192 / 2784

122

かけ算 ⑫
2けた×2けた

次の計算をしましょう。

① 49 × 39 ＝ 441 / 147 / 1911
② 48 × 97 ＝ 336 / 432 / 4656
③ 27 × 89 ＝ 243 / 216 / 2403
④ 56 × 79 ＝ 504 / 392 / 4424
⑤ 36 × 48 ＝ 288 / 144 / 1728
⑥ 63 × 24 ＝ 252 / 126 / 1512
⑦ 47 × 50 ＝ 00 / 235 / 2350
⑧ 99 × 90 ＝ 00 / 891 / 8910
⑨ 28 × 60 ＝ 00 / 168 / 1680

123

かけ算 ⑬
3けた×2けた

次の計算をしましょう。

① 530 × 73 ＝ 1590 / 3710 / 38690
② 321 × 57 ＝ 2247 / 1605 / 18297
③ 566 × 28 ＝ 4528 / 1132 / 15848
④ 476 × 42 ＝ 952 / 1904 / 19992
⑤ 672 × 36 ＝ 4032 / 2016 / 24192
⑥ 453 × 78 ＝ 3624 / 3171 / 35334

124

かけ算 ⑭
3けた×2けた

次の計算をしましょう。

① 438 × 63 ＝ 1314 / 2628 / 27594
② 753 × 25 ＝ 3765 / 1506 / 18825
③ 613 × 59 ＝ 5517 / 3065 / 36167
④ 604 × 34 ＝ 2416 / 1812 / 20536
⑤ 703 × 25 ＝ 3515 / 1406 / 17575
⑥ 408 × 63 ＝ 1224 / 2448 / 25704

125

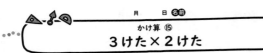

かけ算⑮
3けた×2けた

次の計算をしましょう。

①
$$\begin{array}{r} 431 \\ \times\ 47 \\ \hline 3017 \\ 1724 \\ \hline 20257 \end{array}$$

②
$$\begin{array}{r} 649 \\ \times\ 34 \\ \hline 2596 \\ 1947 \\ \hline 22066 \end{array}$$

③
$$\begin{array}{r} 456 \\ \times\ 89 \\ \hline 4104 \\ 3648 \\ \hline 40584 \end{array}$$

④
$$\begin{array}{r} 823 \\ \times\ 45 \\ \hline 4115 \\ 3292 \\ \hline 37035 \end{array}$$

⑤
$$\begin{array}{r} 746 \\ \times\ 57 \\ \hline 5222 \\ 3730 \\ \hline 42522 \end{array}$$

⑥
$$\begin{array}{r} 471 \\ \times\ 75 \\ \hline 2355 \\ 3297 \\ \hline 35325 \end{array}$$

126

かけ算⑯
3けた×2けた

次の計算をしましょう。

①
$$\begin{array}{r} 213 \\ \times\ 70 \\ \hline 000 \\ 1491 \\ \hline 14910 \end{array}$$

②
$$\begin{array}{r} 768 \\ \times\ 40 \\ \hline 000 \\ 3072 \\ \hline 30720 \end{array}$$

③
$$\begin{array}{r} 637 \\ \times\ 30 \\ \hline 000 \\ 1911 \\ \hline 19110 \end{array}$$

④
$$\begin{array}{r} 400 \\ \times\ 49 \\ \hline 3600 \\ 1600 \\ \hline 19600 \end{array}$$

⑤
$$\begin{array}{r} 700 \\ \times\ 48 \\ \hline 5600 \\ 2800 \\ \hline 33600 \end{array}$$

⑥
$$\begin{array}{r} 700 \\ \times\ 50 \\ \hline 000 \\ 3500 \\ \hline 35000 \end{array}$$

127

かけ算⑰
4けた×2けた

次の計算をしましょう。

①
$$\begin{array}{r} 4105 \\ \times\ 42 \\ \hline 8210 \\ 16420 \\ \hline 172410 \end{array}$$

②
$$\begin{array}{r} 2538 \\ \times\ 86 \\ \hline 15228 \\ 20304 \\ \hline 218268 \end{array}$$

③
$$\begin{array}{r} 7862 \\ \times\ 63 \\ \hline 23586 \\ 47172 \\ \hline 495306 \end{array}$$

④
$$\begin{array}{r} 4916 \\ \times\ 75 \\ \hline 24580 \\ 34412 \\ \hline 368700 \end{array}$$

⑤
$$\begin{array}{r} 3742 \\ \times\ 37 \\ \hline 26194 \\ 11226 \\ \hline 138454 \end{array}$$

⑥
$$\begin{array}{r} 3141 \\ \times\ 78 \\ \hline 25128 \\ 21987 \\ \hline 244998 \end{array}$$

128

かけ算⑱
4けた×2けた

次の計算をしましょう。

①
$$\begin{array}{r} 8253 \\ \times\ 15 \\ \hline 41265 \\ 8253 \\ \hline 123795 \end{array}$$

②
$$\begin{array}{r} 9134 \\ \times\ 26 \\ \hline 54804 \\ 18268 \\ \hline 237484 \end{array}$$

③
$$\begin{array}{r} 5816 \\ \times\ 75 \\ \hline 29080 \\ 40712 \\ \hline 436200 \end{array}$$

④
$$\begin{array}{r} 3927 \\ \times\ 58 \\ \hline 31416 \\ 19635 \\ \hline 227766 \end{array}$$

⑤
$$\begin{array}{r} 8730 \\ \times\ 63 \\ \hline 26190 \\ 52380 \\ \hline 549990 \end{array}$$

⑥
$$\begin{array}{r} 5975 \\ \times\ 42 \\ \hline 11950 \\ 23900 \\ \hline 250950 \end{array}$$

129

まとめ⑲ かけ算（×2けた） /50点

① 24×63 の筆算について □にあてはまる数をかきましょう。（各5点/10点）

```
    2 4
  × 6 3
    7²2   …24× [3]
  1 4²4 0  …24× [60]
  1 5 1 2
```

② 次の計算をしましょう。（各5点/40点）

①
```
    3 2
  × 3 4
    1 2 8
    9 6
  1 0 8 8
```

②
```
    4 8
  × 8 3
    1 4⁴4
  3 8⁶4
  3 9 8 4
```

③
```
    7 0
  × 4 2
    1 4 0
  2 8 0
  2 9 4 0
```

④
```
    4 8
  × 8 8
    3 8⁶4
  3 8⁶4
  4 2 2 4
```

⑤
```
    6 3
  × 2 3
    1 8 9
  1 2 6
  1 4 4 9
```

⑥
```
    5 0
  × 2 8
    4 0 0
  1 0 0
  1 4 0 0
```

⑦
```
    9 3
  × 5 8
    7 4⁴4
  4 6 5
  5 3 9 4
```

⑧
```
    6 0
  × 7 9
    5 4 0
  4 2 0
  4 7 4 0
```

130

まとめ⑳ かけ算（×2けた） /50点

① 438×24 の筆算について □にあてはまる数をかきましょう。（各5点/10点）

```
      4 8 2
  ×    2 4
    1 9³2 8  …482× [4]
    9¹6 4 0  …482× [20]
  1 1 5 6 8
```

② 次の計算をしましょう。（各5点/20点）

①
```
      4 5 0
  ×    8 7
    3 1⁵5 0
  3 6 0 0
  3 9 1 5 0
```

②
```
      7 0 6
  ×    2 6
    4 2 3 6
  1 4 1 2
  1 8 3 5 6
```

③
```
      8 2 0
  ×    6 4
    3 2 8 0
  4 9¹2 0
  5 2 4 8 0
```

④
```
    1 3 4 8
  ×    2 7
    9²4³3 6
  2 6 9 6
  3 6 3 9 6
```

③ □にあてはまる数をかきましょう。（□1つ5点/20点）

```
    3 [1] 4 1
  ×      8 7
    2 1 9 8 [7]
  2 [5] 1 2 8
  2 7 3 [2] 6 7
```

131

表とグラフ① グラフをかく

① 表の合計を、それぞれかきましょう。

すきな食べもの調べ（3年生）(人)

もの＼組	1組	2組	3組	合計
おすし	4	4	5	13
やき肉	6	5	6	17
カレー	10	11	12	33
ラーメン	9	9	7	25
その他	3	3	2	8
合計	32	32	32	96

② 3年1組と3年2組の表を、多いじゅんにぼうグラフに表しましょう。（表題もかきましょう。）

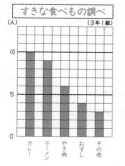
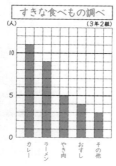

132

表とグラフ② グラフをかく

① 左のぼうグラフを、人数の多いじゅんにならびかえましょう。

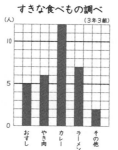
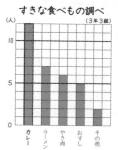

② 左の表をぼうグラフに表しましょう。

すきなおもちゃ調べ（3年1組）

おもちゃ	人数（人）
ゲーム	12
ラジコン	7
自転車	6
カメラ	5
その他	2
合計	32

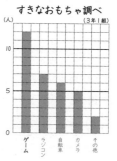

133

表とグラフ ③
グラフを読む

● 右のぼうグラフを見て、次の問いに答えましょう。

① このぼうグラフの表題は何ですか。
（ すきなくだもの調べ ）

② たてじくの目もりは、何を表していますか。
（ 人数 ）

③ 3年2組では、メロンがすきな人は何人いますか。
（ 9人 ）

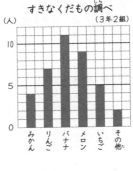

すきなくだもの調べ
（3年2組）
（人）
みかん／りんご／バナナ／メロン／いちご／その他

④ 3年2組で、すきな人がもっとも多いくだものは、何で何人ですか。
（ バナナ，11人 ）

⑤ りんごのすきな人と、いちごのすきな人とでは、どちらが何人多いですか。
式　7－5＝2
答え　りんごが2人多い

⑥ 3年2組は全員で何人ですか。
式　4＋7＋11＋9＋5＋2＝38
答え　38人

表とグラフ ④
グラフを読む

● みさきさんたちは、6月に病気やけがでほけん室に来た人の数を学年べつに調べて、表とグラフに表しました。

ほけん室に来た人（6月）

学年	人数（人）
1年	24
2年	20
3年	16
4年	28
5年	12
6年	18
合計	118

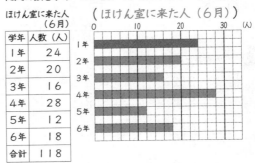

（ほけん室に来た人（6月）） 0　10　20　30（人）

① 上のぼうグラフの1目もりは何人を表していますか。
（ 2人 ）

② ぼうグラフをかんせいさせましょう。

学年などのように、じゅん番のあるものは、じゅん番の通りにグラフに表すことがあります。

表とグラフ ⑤
しりょうの整理

● 表は、しょうさんの学校全体で調べた、図書室の本のかし出しさっ数です。

かし出した本の数

しゅるい ＼ 学年	1年	2年	3年	4年	5年	6年	合計（さつ）
でん記	8	11	3	22	18	12	74
物語	31	25	41	66	53	24	240
図かん	19	33	28	2	3	5	90
その他	5	2	5	14	3	18	47
合計（さつ）	63	71	77	104	77	59	451

① 合計を調べましょう。

② 上の表をしゅるいごとにぼうグラフに表した表題は何ですか。
（ かし出した本の数 ）

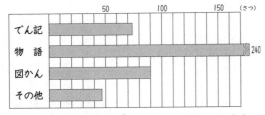

50　100　150（さつ）
でん記／物語〉240／図かん／その他

☆ぼうが長すぎる場合には〉をつけてしょうりゃくします。

表とグラフ ⑥
しりょうの整理

● 次の曲は、「ちょうちょう」です。何の音が何回使われていますか。表にまとめましょう。（全部で57あります。）

ド	レ	ミ	ファ	ソ
3	14	23	6	11

ぼうグラフにまとめましょう。

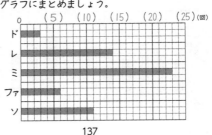

0　（5）　（10）　（15）　（20）　（25）（回）
ド／レ／ミ／ファ／ソ

まとめ ㉑
表とグラフ

/50点

ゆいとさんのクラス全員がすきなきゅう食のメニューを
1人1つずつカードにかきました。

カレーライス	うどん	うどん	スパゲッティ	あげパン	ピラフ
スパゲッティ	あげパン	カレーライス	ピラフ	スパゲッティ	あげパン
ピラフ	スパゲッティ	ピラフ	カレーライス	ピラフ	スパゲッティ
うどん	カレーライス	スパゲッティ	あげパン	カレーライス	うどん
スパゲッティ	ピラフ	あげパン	スパゲッティ	ピラフ	カレーライス

① 表にすきなメニューの人数
を、正の字をかいて整理しま
しょう。 (20点)

すきなメニュー

メニュー	正の字	数
カレーライス	正一	6
スパゲッティ	正下	8
ピラフ	正丅	7
あげパン	正	5
うどん	下	4

② ぼうグラフをかきましょう。 (10点)

③ いちばん人気のあるメニューは何ですか。 (10点)

答え スパゲッティ

④ クラス全員は何人ですか。 (10点)

答え 30人

138

まとめ ㉒
表とグラフ

/50点

1人1さつ図書館から本をかりました。

しゅるい	人数
物語	8
科学	7
れきし	6
図かん	11
その他	9
合計	41

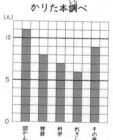
かりた本調べ

① 表をもとに、ぼうグラフをかきましょう。 (10点)

② 1目もりは何人ですか。 (10点)

答え 1人

③ 合計何人が本をかりましたか。 (10点)

答え 41人

④ いちばん多くかりられたのは、どのしゅるいの本ですか。 (10点)

答え 図かん

⑤ 図かんと物語をかりた人の人数のちがいは何人ですか。 (式5点、答え5点／10点)

式 11－8＝3 答え 3人

139

小数 ①
表し方（かさ・長さ）

① かさを小数で表しましょう。

① 1Lます

(0.1L)

② 1Lます

(1.5L)

③ 1Lます

(3.7L)

② 色をぬった長さは何cmですか。小数を使って答えましょう。

① (6.5cm) ② (9.9cm)

③ 次のかさだけ色をぬりましょう。

① 0.7L

1Lます

② 2.6L

1Lます

140

小数 ②
数直線

① 数直線の↑がさしている数をかきましょう。

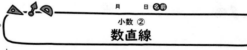

① (0.1) ② (0.6) ③ (1.1)

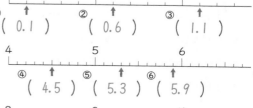

④ (4.5) ⑤ (5.3) ⑥ (5.9)

⑦ (8.4) ⑧ (9.2) ⑨ (9.9) ⑩ (10.5)

② 次の数を数直線に↑で表しましょう。

① 0.1 ② 0.6 ③ 1.7 ④ 2.1

(れい)① ② ③ ④

⑤ 9.4 ⑥ 10.1 ⑦ 10.9 ⑧ 11.3

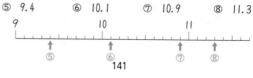

⑤ ⑥ ⑦ ⑧

141

月　日 名前

小数 ③
数のしくみ

① □ にあてはまる数をかきましょう。

① 0.3は、0.1を | 3 | こ集めた数です。

② 0.6は、0.1を | 6 | こ集めた数です。

③ 0.8は、0.1を | 8 | こ集めた数です。

④ 0.9は、0.1を | 9 | こ集めた数です。

⑤ 0.7は、0.1を | 7 | こ集めた数です。

② □ にあてはまる数をかきましょう。

① 1.3は、1と | 0.3 | を合わせた数です。

② 1.5は、1と | 0.5 | を合わせた数です。

③ 1.8は、1と | 0.8 | を合わせた数です。

④ 2.2は、2と | 0.2 | を合わせた数です。

⑤ 3.1は、3と | 0.1 | を合わせた数です。

142

月　日 名前

小数 ④
数のしくみ

① □ にあてはまる数をかきましょう。

① 1.5は、1と0.1を | 5 | こ合わせた数です。

② 1.7は、1と0.1を | 7 | こ合わせた数です。

③ 1.9は、1と0.1を | 9 | こ合わせた数です。

④ 2.4は、2と0.1を | 4 | こ合わせた数です。

⑤ 3.2は、3と0.1を | 2 | こ合わせた数です。

② □ にあてはまる数をかきましょう。

① 1.4は、0.1を | 14 | こ集めた数です。

② 1.2は、0.1を | 12 | こ集めた数です。

③ 2.3は、0.1を | 23 | こ集めた数です。

④ 2.9は、0.1を | 29 | こ集めた数です。

⑤ 3.0は、0.1を | 30 | こ集めた数です。

143

月　日 名前

小数 ⑤
たし算

① 次の計算をしましょう。

① 0.2+0.3=0.5　　② 0.1+0.8=0.9

③ 0.5+0.4=0.9　　④ 0.3+0.5=0.8

⑤ 0.7+0.2=0.9　　⑥ 0.4+0.1=0.5

⑦ 0.6+0.2=0.8　　⑧ 0.8+0.1=0.9

⑨ 0.4+0.4=0.8　　⑩ 0.2+0.6=0.8

② 次の計算をしましょう。

① 0.1+1.2=1.3　　② 0.3+1.6=1.9

③ 0.5+1.2=1.7　　④ 0.7+2.1=2.8

⑤ 0.1+2.6=2.7　　⑥ 0.3+3.3=3.6

⑦ 0.6+4.3=4.9　　⑧ 0.1+4.1=4.2

⑨ 1.2+0.2=1.4　　⑩ 2.3+0.4=2.7

⑪ 1.4+0.2=1.6　　⑫ 2.5+0.1=2.6

⑬ 3.2+0.4=3.6　　⑭ 4.1+0.7=4.8

⑮ 4.4+0.5=4.9　　⑯ 3.5+0.3=3.8

144

月　日 名前

小数 ⑥
たし算

① 次の計算をしましょう。

① 0.5+0.6=1.1　　② 0.7+0.5=1.2

③ 0.4+0.8=1.2　　④ 0.9+0.6=1.5

⑤ 0.3+0.8=1.1　　⑥ 0.9+0.4=1.3

⑦ 0.6+0.4=1　　⑧ 0.9+0.1=1

⑨ 0.4+0.6=1　　⑩ 0.2+0.8=1

⑪ 0.7+0.3=1　　⑫ 0.5+0.5=1

② 次の計算をしましょう。

① 1.3+2.2=3.5　　② 1.4+1.3=2.7

③ 2.6+1.1=3.7　　④ 3.2+2.5=5.7

⑤ 2.1+2.3=4.4　　⑥ 4.2+1.7=5.9

⑦ 2.3+2.1=4.4　　⑧ 2.2+1.8=4

⑨ 1.6+1.4=3　　⑩ 2.7+2.3=5

⑪ 1.8+2=3.8　　⑫ 3.5+1=4.5

⑬ 1.9+1=2.9　　⑭ 2.7+1=3.7

145

小数 ⑦
ひき算

① 次の計算をしましょう。

① 0.9−0.5＝0.4　　② 0.7−0.2＝0.5

③ 0.5−0.4＝0.1　　④ 0.2−0.1＝0.1

⑤ 0.8−0.3＝0.5　　⑥ 0.9−0.7＝0.2

⑦ 0.8−0.6＝0.2　　⑧ 0.6−0.1＝0.5

⑨ 0.4−0.3＝0.1　　⑩ 0.3−0.1＝0.2

② 次の計算をしましょう。

① 1.7−0.6＝1.1　　② 1.5−0.3＝1.2

③ 1.6−0.4＝1.2　　④ 1.3−0.3＝1

⑤ 1.2−0.1＝1.1　　⑥ 2.7−1.4＝1.3

⑦ 2.9−1.3＝1.6　　⑧ 2.5−0.5＝2

⑨ 2.4−1.2＝1.2　　⑩ 2.6−1.3＝1.3

⑪ 3.8−1.5＝2.3　　⑫ 3.9−1.1＝2.8

⑬ 2.6−1.6＝1　　⑭ 3.5−2.5＝1

⑮ 4.2−3.2＝1　　⑯ 4.8−2.8＝2

146

小数 ⑧
ひき算

① 次の計算をしましょう。

① 1−0.3＝0.7　　② 1−0.5＝0.5

③ 1−0.2＝0.8　　④ 1−0.4＝0.6

⑤ 1−0.7＝0.3　　⑥ 1−0.8＝0.2

⑦ 1−0.1＝0.9　　⑧ 1−0.6＝0.4

⑨ 1−0.9＝0.1　　⑩ 2−0.3＝1.7

⑪ 2−0.5＝1.5　　⑫ 3−0.6＝2.4

② 次の計算をしましょう。

① 1.3−0.7＝0.6　　② 1.4−0.9＝0.5

③ 1.2−0.8＝0.4　　④ 1.5−0.6＝0.9

⑤ 1.7−0.8＝0.9　　⑥ 1.3−0.5＝0.8

⑦ 1.1−0.3＝0.8　　⑧ 2.2−0.2＝2

⑨ 2.1−0.1＝2　　⑩ 2.4−0.4＝2

⑪ 3.6−3＝0.6　　⑫ 3.8−3＝0.8

⑬ 4.2−2＝2.2　　⑭ 4.5−2＝2.5

147

まとめテスト

まとめ ㉓
小数　　／50点

① かさを小数で表しましょう。　　（各5点／15点）

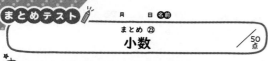

① （ 0.2 ）L　　② （ 0.6 ）L　　③ （ 1.5 ）L

② ↑ の数をかきましょう。　　（各5点／25点）

① （ 0.4 ）　　② （ 1.1 ）

③ （ 2.3 ）　　④ （ 2.7 ）　　⑤ （ 3.1 ）

③ 次のかさだけ色をぬりましょう。　　（各5点／10点）

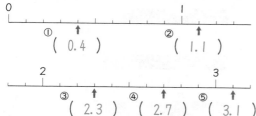

① 0.8L　　② 2.3L

148

まとめテスト

まとめ ㉔
小数　　／50点

① □ にあてはまる数をかきましょう。　　（各4点／16点）

① 0.8は、0.1を [8] こ集めた数です。

② 1.6は、1と [0.6] を合わせた数です。

③ 2.0は、0.1を [20] こ集めた数です。

④ 3.1は、3と0.1を [1] こ合わせた数です。

② 次の計算をしましょう。　　（各4点／24点）

① 0.8＋0.2＝1　　② 0.7＋1.2＝1.9

③ 2.4＋0.7＝3.1　　④ 1.7−0.5＝1.2

⑤ 2−0.3＝1.7　　⑥ 1.1−0.3＝0.8

③ 水が、大きいバケツに8.6L、小さいバケツに4.7L入っています。合わせて何Lですか。また、ちがいは何Lですか。　　（合わせて5点、ちがい5点／10点）

式　8.6＋4.7＝13.3
　　8.6−4.7＝3.9

答え　合わせて　　13.3L
答え　ちがい　　　3.9L

149

分数とは

はしたの表し方
ペットボトルのジュースを1Lますに入れました。

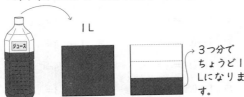

1L

3つ分で
ちょうど1
Lになりま
す。

この、はしたのかさを$\frac{1}{3}$Lとかいて、「3分の1リットル」と読みます。

$$\frac{1}{3} \quad \rightarrow \quad \frac{分子}{分母}$$

次のかさだけ色をぬりましょう。すべて1Lますです。

① $\frac{2}{3}$L　　② $\frac{1}{4}$L　　③ $\frac{1}{5}$L

分数とは

■のところの大きさを分数で答えましょう。全体を1とします。

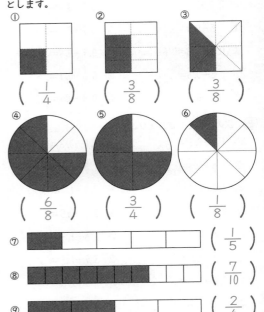

① $\left(\frac{1}{4}\right)$　② $\left(\frac{3}{8}\right)$　③ $\left(\frac{3}{8}\right)$

④ $\left(\frac{6}{8}\right)$　⑤ $\left(\frac{3}{4}\right)$　⑥ $\left(\frac{1}{8}\right)$

⑦ $\left(\frac{1}{5}\right)$

⑧ $\left(\frac{7}{10}\right)$

⑨ $\left(\frac{2}{4}\right)$

かさ

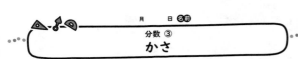

□にあてはまる数をかきましょう。※①～⑥は分数です。

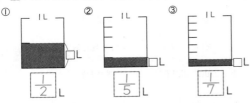

① $\frac{1}{2}$L　② $\frac{1}{5}$L　③ $\frac{1}{7}$L

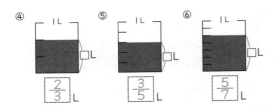

④ $\frac{2}{3}$L　⑤ $\frac{3}{5}$L　⑥ $\frac{5}{7}$L

⑦ $\frac{4}{7}$Lは、$\frac{1}{7}$Lの 4 つ分のかさです。

⑧ 1Lは、$\frac{1}{6}$Lの 6 つ分のかさです。

長さ

□にあてはまる数をかきましょう。※①～⑤は分数です。

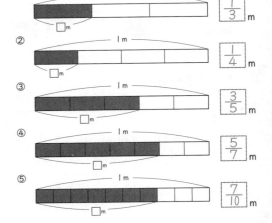

① $\frac{1}{3}$m

② $\frac{1}{4}$m

③ $\frac{3}{5}$m

④ $\frac{5}{7}$m

⑤ $\frac{7}{10}$m

⑥ $\frac{5}{9}$mは、$\frac{1}{9}$mの 5 こ分の長さです。

⑦ 1mは、$\frac{1}{10}$mの 10 こ分の長さです。

⑧ 1mは、$\frac{1}{5}$mの 5 こ分の長さです。

分数 ⑤
大きさ

① ↑ がさしている数を分数でかきましょう。

$\left(\dfrac{1}{7}\right)$　　$\left(\dfrac{5}{7}\right)$ $\left(\dfrac{7}{7}\right)$ $\left(1\dfrac{2}{7}\right)$

② □に数を入れましょう。

① $\dfrac{\boxed{7}}{7}=1$　② $\dfrac{5}{\boxed{5}}=1$　③ $\dfrac{8}{8}=\boxed{1}$

③ 大きい方の数に○をつけましょう。

① $\left(\dfrac{5}{7}\right)$, $\dfrac{1}{7}$　② $\left(1\right)$, $\dfrac{5}{8}$

③ $\dfrac{7}{9}$, $\left(1\right)$　④ $\dfrac{3}{8}$, $\left(\dfrac{5}{8}\right)$

④ 大きいじゅんにならびかえましょう。

① $\dfrac{5}{7}$, $\dfrac{3}{7}$, 1 , $\dfrac{1}{7}$ 　$\left(1, \dfrac{5}{7}, \dfrac{3}{7}, \dfrac{1}{7}\right)$

② $\dfrac{5}{9}$, $1\dfrac{2}{9}$, $\dfrac{7}{9}$, 1 　$\left(1\dfrac{2}{9}, 1, \dfrac{7}{9}, \dfrac{5}{9}\right)$

分数 ⑥
小数と分数

① 分母が10の分数を（　）にかき、[　]に小数をかきましょう。

① $\left(\dfrac{3}{10}\right)$ ② $\left(\dfrac{6}{10}\right)$ ③ $\left(\dfrac{9}{10}\right)$

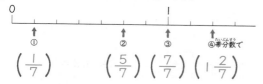

④ $[\ 0.1\ ]$　⑤ $[\ 0.5\ ]$

② □にあてはまる数をかきましょう。①～④は小数です。

① $\dfrac{1}{10}=\boxed{0.1}$　② $\dfrac{3}{10}=\boxed{0.3}$

③ $\dfrac{7}{10}=\boxed{0.7}$　④ $\dfrac{23}{10}=\boxed{2.3}$

⑤ $0.1=\dfrac{\boxed{1}}{10}$　⑥ $0.3=\dfrac{\boxed{3}}{10}$

⑦ $0.8=\dfrac{8}{\boxed{10}}$　⑧ $1.4=1\dfrac{4}{\boxed{10}}$

分数 ⑦
たし算

● 次の計算をしましょう。

① $\dfrac{5}{7}+\dfrac{1}{7}=\dfrac{6}{7}$

$\dfrac{1}{7}$が5こ　　$\dfrac{1}{7}$が1こ　　$\dfrac{1}{7}$が（5+1）こ

② $\dfrac{1}{5}+\dfrac{3}{5}=\dfrac{4}{5}$　③ $\dfrac{6}{9}+\dfrac{1}{9}=\dfrac{7}{9}$

④ $\dfrac{3}{6}+\dfrac{3}{6}=\dfrac{6}{6}=1$　⑤ $\dfrac{1}{4}+\dfrac{3}{4}=\dfrac{4}{4}=1$

⑥ $\dfrac{3}{7}+\dfrac{18}{7}=\dfrac{21}{7}=3$　⑦ $\dfrac{12}{10}+\dfrac{8}{10}=\dfrac{20}{10}=2$

⑧ $\dfrac{7}{8}+\dfrac{9}{8}=\dfrac{16}{8}=2$　⑨ $\dfrac{6}{5}+\dfrac{4}{5}=\dfrac{10}{5}=2$

分数 ⑧
ひき算

● 次の計算をしましょう。

① $\dfrac{5}{7}-\dfrac{1}{7}=\dfrac{4}{7}$

$\dfrac{1}{7}$が5こ　　$\dfrac{1}{7}$が1こ　　$\dfrac{1}{7}$が（5-1）こ

② $\dfrac{3}{4}-\dfrac{2}{4}=\dfrac{1}{4}$　③ $\dfrac{7}{8}-\dfrac{5}{8}=\dfrac{2}{8}$

④ $1-\dfrac{6}{9}=\dfrac{3}{9}$　⑤ $\dfrac{13}{10}-\dfrac{9}{10}=\dfrac{4}{10}$

⑥ $\dfrac{8}{3}-\dfrac{5}{3}=\dfrac{3}{3}=1$　⑦ $\dfrac{7}{5}-\dfrac{5}{5}=\dfrac{2}{5}$

⑧ $\dfrac{13}{12}-1=\dfrac{1}{12}$　⑨ $\dfrac{15}{8}-\dfrac{7}{8}=\dfrac{8}{8}=1$

まとめ㉕ 分数 /50点

① 次のかさを分数で表しましょう。 (各5点/15点)

⑦ $\dfrac{6}{10}$ L　④ $\dfrac{8}{10}$ L　⑤ $\dfrac{2}{10}$ L

② 次の長さを分数で表しましょう。 (各5点/15点)

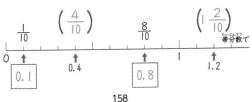

$\dfrac{2}{10}$ m　$\dfrac{5}{10}$ m　$\dfrac{9}{10}$ m

③ 分母が10の分数を( )にかき、□に小数をかきましょう。 (各5点/20点)

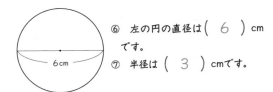

$\dfrac{1}{10}$　$\left(\dfrac{4}{10}\right)$　$\dfrac{8}{10}$　$\left(1\dfrac{2}{10}\right)$ 帯分数で

0.1　0.4　0.8　1.2

158

まとめ㉖ 分数 /50点

① □にあてはまる数をかきましょう。 (各5点/20点)

① $\dfrac{1}{10} = \boxed{0.1}$　② $0.1 = \dfrac{\boxed{1}}{10}$

③ $\dfrac{15}{10} = \boxed{1.5}$　④ $1.3 = 1\dfrac{3}{\boxed{10}}$

② 次の計算をしましょう。 (各3点/30点)

① $\dfrac{2}{10} + \dfrac{7}{10} = \dfrac{9}{10}$　② $\dfrac{1}{3} + \dfrac{1}{3} = \dfrac{2}{3}$

③ $\dfrac{1}{5} + \dfrac{4}{5} = \dfrac{5}{5} = 1$　④ $\dfrac{5}{10} + \dfrac{3}{10} = \dfrac{8}{10}$

⑤ $\dfrac{3}{8} + \dfrac{1}{8} = \dfrac{4}{8}$　⑥ $\dfrac{9}{10} - \dfrac{3}{10} = \dfrac{6}{10}$

⑦ $\dfrac{7}{8} - \dfrac{3}{8} = \dfrac{4}{8}$　⑧ $\dfrac{2}{5} - \dfrac{1}{5} = \dfrac{1}{5}$

⑨ $\dfrac{4}{3} - \dfrac{2}{3} = \dfrac{2}{3}$　⑩ $1 - \dfrac{5}{7} = \dfrac{2}{7}$

159

円と球① 直径・半径

( )にあてはまることばや数をかきましょう。

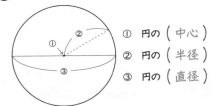

① 円の(中心)
② 円の(半径)
③ 円の(直径)

④ 直径の長さは半径の(2)倍です。

⑤ 直径は円の(中心)を通ります。

⑥ 左の円の直径は(6)cmです。

⑦ 半径は(3)cmです。

⑧ 直径14cmの円の半径は(7)cmです。

⑨ 半径6cmの円の直径は(12)cmです。

160

円と球② 直径・半径

次の円の直径、半径をはかりましょう。

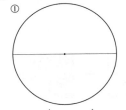

① 直径(6cm) 半径(3cm)
② 直径(4cm) 半径(2cm)

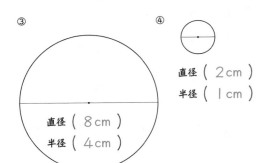

③ 直径(8cm) 半径(4cm)
④ 直径(2cm) 半径(1cm)

161

円をかく

コンパスを使って、円をたくさんかきましょう。

① 半径2cmで、ア〜クを中心にしてかきましょう。

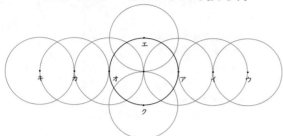

② 半径2cmで、ア〜ケを中心にしてかきましょう。

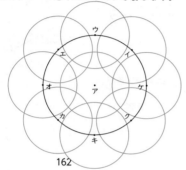

162

球

① 図は、球を半分に切ったところです。（　）にあては まることばをかきましょう。

⑦　球の（ 中心 ）

⑦　球の（ 半径 ）

⑦　球の（ 直径 ）

② 箱の中にすきまなくボールが8こ入っています。

① このボールの直径は何cmですか。

式　16÷2=8

答え　　　　8cm

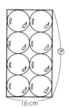

② このボールの半径は何cmですか。

式　8÷2=4

答え　　　　4cm

③ 箱のたての長さ⑦は何cmですか。

式　8×4=32

答え　　　　32cm

163

まとめテスト

円と球　　　/50点

① 円について答えましょう。　　　　　　（各5点/20点）

① ⑦〜⑦の名前をかきましょう。

点⑦　　円の（ 中心 ）

⑦の長さ　円の（ 半径 ）

⑦の長さ　円の（ 直径 ）

② 直径は半径の（ 2 ）倍の長さです。

② 次の円をかきましょう。　　　　　　（各10点/20点）

① 半径2cmの円　　　② 直径5cmの円

③ 半径2cmの円が3こあります。⑦、⑦の長さは何cmで すか。　　　　　　　　　　（10点）

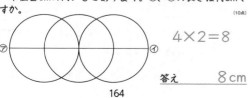

4×2=8

答え　　8cm

164

まとめテスト

円と球　　　/50点

① 球を半分に切りました。⑦〜⑦の名前をかきましょう。

（各5点/15点）

点⑦　　球の（ 中心 ）

⑦の長さ　球の（ 半径 ）

⑦の長さ　球の（ 直径 ）

② 次のおよその長さをえらびましょう。　　（各5点/15点）

① 1円玉の直径　　　　（　　2cm　　）

② テニスのボールの直径　（　　7cm　　）

③ サッカーボールの直径　（　　20cm　　）

2cm　7cm　10cm　20cm　50cm

③ 箱の中にボール6こがぴったり入っています。

（各5点、答え5点/20点）

① このボールの直径は何cm ですか。

式　16÷2=8

答え　　　8cm

② 箱のたての長さは何cmですか。

式　8×3=24

答え　　24cm

165

三角形のかどの形を調べてみましょう。

1つのちょう点から出ている2つの辺がつくる形を**角**といいます。

三角形には3つの角があります。

角の大きい小さいは、角をつくる2つの辺の開きぐあいでくらべます。

角◯ ＞ 角◯　　角◯は角◯より大きい。

🍎 どちらの角が大きいですか。正しい不等号を入れましょう。

角◯ ＞ 角◯

166

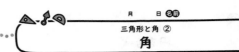

2つの辺の長さが等しい三角形を **二等辺三角形** といいます。

3つの辺の長さが等しい三角形を **正三角形** といいます。

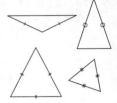

🍎 図の三角形の中から、二等辺三角形や正三角形を見つけ、なかま分けをして記号をかきましょう。

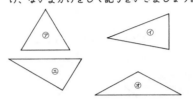

① 二等辺三角形　（　ウ　）（　オ　）

② 正三角形　　　（　ア　）（　カ　）

③ そのほかの三角形（　イ　）（　エ　）

167

二等辺三角形の角の大きさを調べてみましょう。

角◯ ＝ 角◯　　　　角◯ ＝ 角◯

🍎 次の□にあてはまる数やことばをかきましょう。

① 二等辺三角形は、 **2** つの辺の長さが等しい三角形です。 **2** つの角の大きさが等しくなっています。

② 3つの辺の長さが5cm、6cm、5cmの三角形は **二等辺** 三角形です。

③ 二等辺三角形を2つにおって、ぴったり重なった角の大きさは **等しい** です。

168

正三角形の角について調べてみましょう。

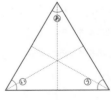

角◯＝角◯＝角◯　　　角◯＝角◯＝角◯

🍎 次の□にあてはまる数やことばをかきましょう。

① 正三角形は **3** つの辺の長さが等しい三角形です。 **3** つの角の大きさも等しくなっています。

② 3つの辺の長さが6cm、6cm、6cmの三角形は **正** 三角形です。

③ 正三角形を2つにおって切りはなした1つの三角形は **直角** 三角形になります。

169

42

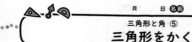
三角形をかく

3つの辺の長さが3cm、4cm、4cmの二等辺三角形をかきます。

⑦ 3cmの辺をかく　　⑦ Bから4cm、Cから 4cmのところに しるしをつける　　⑦ しるしの交わった 点とB、Cを むすぶ

🍎 二等辺三角形をかきましょう。

① 5cm、4cm、4cm　　② 4cm、5cm、5cm

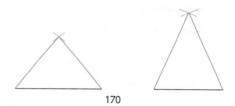

170

三角形をかく

3つの辺の長さが4cmの正三角形をかきます。
辺の長さを4cmとし、あとは二等辺三角形と同じように かきます。

4cmの辺をかく　　Bから4cm、Cから 4cmのところに しるしをつける　　しるしの交わった 点とB、Cを むすぶ

🍎 正三角形をかきましょう。

① 1辺が5cm　　② 1辺が6cm

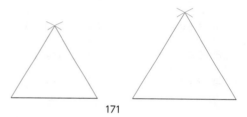

171

三角形と角　／50点

1 ⑦、⑦、⑦の3つの角を大きいじゅんにかきましょう。
(10点)

(　⑦　→　⑦　→　⑦　)

2 ( )にあてはまることばや数をかきましょう。
(( )1つ10点／40点)

① 2つの辺の長さが等しい三角形 を(二等辺三角形)といいま す。この三角形の(2)つの 角の大きさも等しくなっています。

② 3つの辺の長さがみんな等しい 三角形を(正三角形)といいま す。この三角形の3つの角はみんな (等しく)なっています。

三角形と角　／50点

1 次の三角形をかきましょう。
(各10点／20点)

① 1辺の長さが4cmの正 三角形　　② 辺の長さが5cm、5 cm、4cmの二等辺三角形

2 点Cを中心とする半径3cmの円をかきましょう。
(10点)

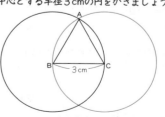

① ABの長さは(3)cmです。
　 ACの長さは(3)cmです。
(10点)

② 三角形ABCは(正三角形)です。
(10点)

□を使った式①
□の使い方

バスケットボールのシュートゲームをしました。
2はんは2回目に何点入れれば勝つか考えましょう。

	1回目	2回目	合計
1ばん	8	8	16点
2はん	14	□	

① それぞれの合計点を式で表しましょう。

1ばん（ 8 ＋ 8 ＝ 16 ）

2はん（ 14 ＋ □ ）

② 2はんは何点入れたら勝つか、□に数を入れて考えましょう。

　　　　　　　　　　　　勝ち，負け，同点
㋐ 0点のとき　14+ ⓪ <16 （ 負け ）

㋑ 1点のとき　14+ 1 <16 （ 負け ）

㋒ 2点のとき　14+ 2 ＝16 （ 同点 ）

㋓ 3点のとき　14+ 3 >16 （ 勝ち ）

174

□を使った式②
□の使い方

1ダース700円のえんぴつと、1800円のえんぴつけずりきを買います。

① えんぴつを□ダースと、1800円のえんぴつけずりきを買うときの代金を式で表しましょう。

代金（ 700× □ ＋ 1800 ）

② えんぴつを1ダース、2ダース、3ダース買うときの代金をもとめましょう。

㋐ 1ダースのとき
700× 1 ＋ 1800 ＝ 2500

㋑ 2ダースのとき
700× 2 ＋ 1800 ＝ 3200

㋒ 3ダースのとき
700× 3 ＋ 1800 ＝ 3900

175

□を使った式③
たし算の式

① 自動車にガソリンが9L入っていました。ガソリンスタンドで、まんタンまで入れてもらいました。まんタンは60L入ります。

※「まんタン」＝ねんりょうなどがタンクにいっぱい入っていること。

① 入れたガソリンを□Lとして、たし算の式で表しましょう。

はじめに入っていたかさ	+	ガソリンスタンドで入れたかさ	=	まんタンのかさ

（ 9L ＋ □L ＝ 60L ）

② ガソリンスタンドで入れたガソリンのかさをもとめましょう。

式 60－9＝51

答え　51L

② □にあてはまる数をもとめましょう。

① 13+ 52 =65　　② 26+ 29 =55

③ 83 +19=102　　④ 102+ 117 =219

176

□を使った式④
ひき算の式

① チューリップの球根が80こありました。2組のみんなが植えたら6このこりました。みんなで球根を何こ植えましたか。

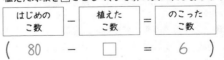

① 植えた球根を□ことして、ひき算の式に表しましょう。

はじめのこ数	－	植えたこ数	=	のこったこ数

（ 80 － □ ＝ 6 ）

② 植えた球根のこ数□をもとめましょう。

式 80－6＝74

答え　74こ

② □にあてはまる数をかきましょう。

① 40－ 32 =8　　② 68－ 39 =29

③ 125－ 48 =77　　④ 234－ 78 =156

177

□を使った式 ⑤
かけ算の式

① いちごを１人に８こずつ配ることにしました。いちごは全部で48こあります。

① いちごをもらう人の数を□人として、かけ算の式に表しましょう。

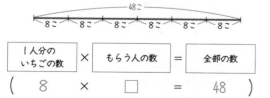

１人分の いちごの数	×	もらう人の数	=	全部の数

（　　８　　×　　□　　＝　　48　　）

② □の数をもとめましょう。

式　48÷8＝6

答え　　　6人

② □にあてはまる数をかきましょう。

① 8× 9 ＝72　　　② 7× 9 ＝63

③ 6× 10 ＝60　　　④ 9× 11 ＝99

178

□を使った式 ⑥
わり算の式

① いちごを１人に８こずつ配っていったら、ちょうど6人に配ることができました。

① 全部のいちごの数を□ことして、わり算の式に表しましょう。

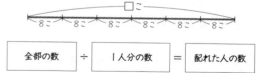

全部の数	÷	１人分の数	=	配れた人の数

（　　□　　÷　　8　　＝　　6　　）

② □の数をもとめましょう。

式　8×6＝48

答え　　　48こ

② □にあてはまる数をかきましょう。

① 64 ÷8＝8　　　② 49 ÷7＝7

③ 60 ÷6＝10　　　④ 108 ÷9＝12

179

考える力をつける ①
間の数

① 道路にそって８mおきにがいとうが立っています。１本目から６本目までは何mですか。

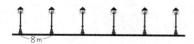

式　6－1＝5
　　8×5＝40

答え　　　40m

② ダンスで８人が２mおきにならびました。先頭からいちばん後ろまで何mあればならべますか。

式　8－1＝7
　　2×7＝14

答え　　　14m

③ ３mおきに10本はたを立てます。何mの直線があればいいですか。

式　10－1＝9
　　3×9＝27

答え　　　27m

180

考える力をつける ②
間の数

① トラックに10mおきにコーンをおいていきます。12本で一しゅう分です。トラックは何mありますか。

式　10×12＝120

答え　　　120m

② 丸い池のまわりに５mおきに８本の木が植えてあります。池のまわりは何mですか。

式　5×8＝40

答え　　　40m

③ わにしたリボンに５cmごとにしるしをつけると、ちょうど9つつきました。リボンの長さは何cmですか。

式　5×9＝45

答え　　　45cm

181

考える力をつける ③
いろいろな三角形

① 次の三角形は、何という三角形ですか。

① 辺の長さが、4cm、6cm、6cmの三角形
（　二等辺三角形　）

② 3つの角の大きさが等しい三角形
（　正三角形　）

③ 2つの角の大きさが等しい三角形
（　二等辺三角形　）

④ 8cmのストロー3本でできる三角形
（　正三角形　）

⑤ 6cmのストロー1本と、8cmのストロー2本でできる三角形
（二等辺三角形）

② 紙を2つにおって、……のところを切って開きます。どんな三角形ができますか。

①
6cm
3cm
（　正三角形　）

②
6cm
6cm
（二等辺三角形）

182

考える力をつける ④
いろいろな三角形

① 同じ大きさの円を使って、図のようなもようをかきました。あ、い、うを直線でむすんでできる三角形の名前をかきましょう。

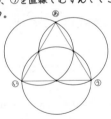
あ
い　う

（　正三角形　）

② 次の中から、三角形ができないものをえらび、記号で答えましょう。
㋐ 3辺が5cm、4cm、3cmのとき
㋑ 3辺が5cm、3cm、3cmのとき
㋒ 3辺が5cm、3cm、2cmのとき

（　㋒　）

183

考える力をつける ⑤
九九の表

次の部分は九九の表の一部です。あいているマス目に答えになる数をかきましょう。

①
2	3
4	6

②
8	10
12	15

③
32	40
36	45

④
3	6	9
4	8	12

⑤
5	6	7
10	12	14

⑥
28	32	36
35	40	45

184

考える力をつける ⑥
九九の表

次の部分は九九の表の一部です。あいているマス目に答えになる数をかきましょう。

①
10	15	20
12	18	24

②
9	12	15
12	16	20

③
18	24
21	28
24	32

④
35	42
40	48
45	54

⑤
12	16	20
	20	
18	24	30

⑥
36		48
42	49	56
48		64

185

考える力をつける⑦
虫食いたし算・ひき算

□にあてはまる数をかきましょう。

①
```
   2 6 [7]
+  2 [1] 4
 ─────────
   [4] 8 1
```

②
```
   [5] 8 [8]
+    2 4 3
 ─────────
     8 3 1
```

③
```
   2 4 [6]
+ [2][9] 1
 ─────────
   5 3 7
```

④
```
   8 [6] 5
-  4 3 [7]
 ─────────
  [4] 2 8
```

⑤
```
   7 0 3
- 3 [6][7]
 ─────────
 [3] 3 6
```

⑥
```
   6 1 [1]
- 1 [5] 3
 ─────────
 [4] 5 8
```

考える力をつける⑧
虫食いかけ算

□にあてはまる数をかきましょう。

①
```
     6 [7]
×      8
 ─────────
 5 [3]⁵ 6
```

②
```
   [7] 5
×     6
 ─────────
 4 [5]³ 0
```

③
```
   [8] 4
×     9
 ─────────
 7 [5]³ 6
```

④
```
     8 3
×    [6]
 ─────────
 4 [9]¹ 8
```

⑤
```
     4 7 6
×       [5]
 ─────────
 2 3 [8]³ 0
```

⑥
```
     3 [5][4]
×          9
 ─────────
 [3][1]⁴ 8³ 6
```

考える力をつける⑨
虫食いかけ算

□にあてはまる数をかきましょう。

①
```
     4 6
×  [1][8]
 ─────────
   3 6⁴ 8
   4 [6]
 ─────────
   8 2 [8]
```

②
```
     8 [2]
×  [6] 8
 ─────────
   [6] 5¹ 6
   4 9¹ 2
 ─────────
   5 [5] 7 [6]
```

③
```
     [3] 7
×    5 4
 ─────────
   [1] 4² 8
   1 8³ 5
 ─────────
   [1] 9 9 [8]
```

④
```
     [7] 7
×    7 [7]
 ─────────
   5 [3]⁴ 9
   [5] 3 9
 ─────────
   5 [9] 2 [9]
```

考える力をつける⑩
虫食いかけ算

□にあてはまる数をかきましょう。

①
```
     3 [6]
×  6 [3]
 ─────────
   1 [0]¹ 8
   2 1³ 6
 ─────────
   [2] 2 6 8
```

②
```
     [9] [5]
×  4 [5]
 ─────────
   [4] [7]² 5
   3 8 0
 ─────────
   4 2 7 5
```

③
```
     2 [7] 2
×      [3] 6
 ─────────
   1 6⁴ 3¹ 2
   [8]² 1 6
 ─────────
   9 7 [9] 2
```

④
```
     [3] 2 [1]
×      [2] 7
 ─────────
   2 2¹ 4 7
   6 4 2
 ─────────
   [8] 6 6 7
```